U0894675

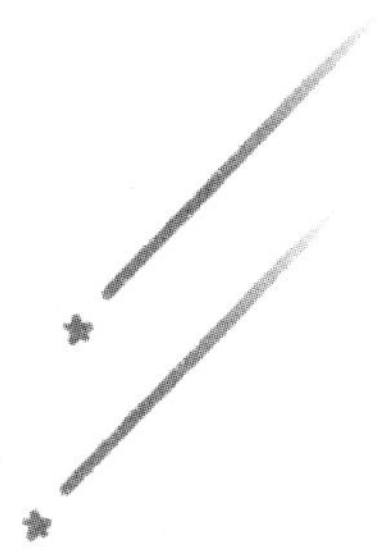

心理的事

埋藏在每个人心中的25个秘词

[英] 娜塔莎·德文 著 李倩 译

江苏凤凰文艺出版社
JIANGSU PHOENIX LITERATURE AND ART PUBLISHING

图书在版编目(CIP)数据

心理的事 / (英) 娜塔莎·德文 (Natasha Devon) 著;李倩译. — 南京:江苏凤凰文艺出版社, 2021.3

书名原文: A Beginner's Guide to Being Mental

ISBN 978-7-5594-4401-1

Ⅰ.①心… Ⅱ.①娜… ②李… Ⅲ.①心理学—通俗读物 Ⅳ.①B84-49

中国版本图书馆CIP数据核字(2020)第015486号

江苏省版权局著作权合同登记:图字10-2019-621号

A Beginner's Guide to Being Mental
By Natasha Devon
First published 2018 by Bluebird, an imprint of Pan Macmillan, a division of Macmillan Publishers International Limited.

心理的事

[英] 娜塔莎·德文 著　　李倩 译

责任编辑	孙金荣
特约编辑	邱涵斐
责任校对	孔智敏
出版统筹	孙小野
出版发行	江苏凤凰文艺出版社
	南京市中央路165号,邮编:210009
网　　址	http://www.jswenyi.com
印　　刷	三河市金元印装有限公司
开　　本	880毫米×1230毫米 1/32
印　　张	10
字　　数	228千字
版　　次	2021年3月第1版
印　　次	2021年3月第1次印刷
书　　号	ISBN 978-7-5594-4401-1
定　　价	45.00元

江苏凤凰文艺版图书凡印刷、装订错误,可向出版社调换,联系电话025-83280257

献给马库斯，我“疯狂的鞭策者”。

写在前面

有“心”人

自出生那刻起，你便有了一副躯体，因此需要关注自己的身体健康。在成长过程中，你有机会学到一些知识，来分辨自己的健康状况是否出了问题以及可以采取哪些措施来保持身体健康。大多数人五岁时就被反复教育必须摄入蔬菜。之后，我们又渐渐意识到新鲜空气和锻炼的好处。如此日积月累，多数人都养成了习惯，下意识地一直监控着自己的身体状况。

但若论心理健康，我们却总要等到出了问题才会亡羊补牢。据悉，三分之一的人一生中会患上某种心理疾病，而我们只会真诚地祈祷，自己是那另外的三分之二。

我是个社会活动家，工作内容广泛而多样。不过归根结底也可以一言蔽之，就是意在使我们社会的心理健康模式能与生理健康模式旗鼓相当。虽然据统计，三分之一的人会出现符合医学诊断标准的心理健康问题，但三分之三的人无不顶着一个大脑。

我们每个人都面临不同的心理健康状况。不是只有“精神病”和“没毛病”两种状态，在这两点间的连续谱上尚有无数种可能。这本书是我尝试撰写的心理指南，为所有有大脑的人而写，也就是每一个人。

虽然不知道你是何感受，但我发现在这个乱哄哄的星球上，我的大脑里始终只有我一人，这件事最令我兴奋，也最让我恐惧。我可以通过各种不同的方式与他人建立起亲密关系，但他们永远无从知晓我是如何活在自己那方天马行空的思维世界里的，反之，我对他们也是这样。

我们精神上的孤独反过来也会使人与人之间难以进行有效的交流。哪怕是在你读本书的时候，那些从我头脑里蹦出来的复杂而独特的想法，落笔成文后也将通过你的价值观、信仰和阅历的过滤，改头换面，呈现出新的意义。从一名作家的角度来看，读者对文本的解读可能相当刺激。有时他们会用自己的话转述我的文义，听上去似乎比原本在我脑海中回响时还要寓意深远、意义重大。有时则南辕北辙，比如我曾写过一篇文章探讨“男权主义”与“男性”的差别。结果那些可怕的另类右翼[1]分子全在推特（Twitter）上祝贺我将女权运动的缺陷阐述得淋漓尽致。我觉得我差不多体会到了希特勒扭曲尼采的著作为大

[1] 另类右翼这个说法最早出现于2008年，起初是指白人至上主义势力，其观点极度保守，坚决反对变革。发展至今，该势力的发展与主张已非常多元，不再局限于恢复白人的身份意识，还包括反女权、反主流政治等。另类右翼在网络上尤其活跃，经常散布有争议的内容，打击主流媒体的信誉。——译注

屠杀辩护时尼采的感受，虽然我受的委屈显然小得多。

而当我们用情感词汇描述自身的心理健康状况时，交流之难更不言自明。英语中谈论感受的词汇非常有限，尽管英语的词汇量比其他语言都大。

我们日常生活中鲜少遇到的一些现象都有可供描述之词，但我经常产生的一些感觉，在我看来却无法言简意赅地表达出来：

- 刚到站台，就看到你要搭乘的火车恰好进站，恨不得山呼万岁的感觉。那一刹那仿佛天地唯你独尊，整个宇宙都围着你打转，为你大开一切方便之门。
- 发现你与曾经的密友已渐行渐远，分道扬镳的悲伤中杂糅着对各自成长的接纳。
- 一个没有任何安排的星期天摊在眼前时，内心有种微妙的不安。你知道你该在周一上班前充分利用这段时间，所有有意义的周末安排都让你心中隐隐有愧。因为你难以抵挡诱惑，只想一屁股坐下来，一边吃着几乎没有营养的零食，一边在网飞（Netflix）上看完一整部电视连续剧。
- 你新认识的一个你觉得超级了不起的人，首次说了或者做了一些显然不够格的事，你突然意识到你需要把真实的他与你头脑中建构的那个人合二为一。
- 在正式场合、亲朋好友和儿童面前，为抑制住破口大骂的冲动而消耗的那些精力。
- 明知有些事困扰着你，却不能确切指出究竟所为何事。

- 确凿无疑地知道自己就要恐慌发作的一刹那。
- 确凿无疑地知道自己即将高潮的一刹那。
- 经历了诸如分手或丧亲的生活灾难后，刚从睡眠中醒来时，那个少有的忘记了悲伤的幸福时刻。
- 一切迅速卷土重来时，那可怕的几秒钟。
- 一种迫切想要知道后续，但又因这本书委实精彩而舍不得读完的双重感受。

其他语言不存在类似问题。譬如，希腊语中，有四个不同的词用来描述不同类型的爱。多姿多彩的德语无所不包，我们甚至不得不从中窃取一些，比如“schadenfreude”（幸灾乐祸）。德国人也能选用15个词描述不同类型的愤怒，对我来说尤其必要：我每次生气感觉都不一样。

我认为英语中的情感和心理词汇之所以少得出奇，直接原因是英语最初是由英国人传授给全世界的。传统的英国人没有感情和情绪，他们宁愿不动声色地喝杯茶，闭口不言。这可能使得英语成了一个相当不适合进行情感和心理健康交流的工具，经常出现误解和沟通不畅。

2018年，心理健康当之无愧地成了我们社会议程中的首要议题，但我们正在进行的这场潜力巨大的变革性国际对话却南辕北辙。

譬如，人们常说他们“抑郁了”或者“恐慌发作了”，而实际上他们半点毛病也没有，反倒让真正经历过这些临床症状的人很是气愤（情有可原）。但要是这些人并非有意抹黑心理疾病，而只是被世界上各种相互矛盾的信息搞糊涂了，或者找不到其他词来形容自己的感受呢？

一些媒体指责公开谈论自身心理健康的人是在“寻求关注”“盲目自诊”，并指责名人“竞相比惨”（最后这话出自凯蒂·“为了激起反响什么都敢说”·霍普金斯[1]，她显然看不出其中的讽刺意味），也不可避免地掀起了公众对心理话题的强烈抵制。再加上心理疾病挥之不去的污名，最终造成的结果不仅让人困惑，更令人恐惧。

然而，同样地，一个快被即将到来的考试压垮的人，他的困境虽无法与自杀未遂尚在医院接受治疗的人相提并论，但并不代表前者就没有“心理健康问题”，更不代表他们无权谈论它。

为了在这个话题上抛砖引玉，我总结了自己的焦虑症病史，以及我与饮食失调症长达七年多的鏖战与康复过程。我运用了我在世界各地的学校和社会活动中与数以万计的人打交道时收集到的知识，还有我短期（却富有启发性地）出任英国保守党政府顾问时的收获。我请教了心理学、神经学和人类学等领域的专家，将他们的智慧翻译成更通俗易懂的语言，希望能给出一个全面又易于理解的概况。

我认为心理健康危机威胁到了我们人类的未来并非危言耸听。倘若气候变化或资本主义没有率先引发世界末日的话，那么很有可能将由我们集体丧失心智来拉开序幕。因此，这本书是我拯救世界的尝试。这么一想，还真是很有压力……

---

[1] 凯蒂·霍普金斯（Katie Hopkins）是英国的电视名人、电台主持人，以及《太阳报》和《每日邮报》的专栏作家。她性格豪放，说话比较毒舌，发表过很多有争议的言论。——译注

在进入正题之前，我们最重要的是要承认：自己是个有“心”人。对这句话最常见的理解是，我有精神病[1]。除此还可以在另一种意义上理解为：我拥有大脑，是个理智与情感并存的人。有大脑就有“心”。也就是说，各位，你们也是有“心”人。

[1] 原文中的“mental”一词过去常用作贬义，带有歧视性和冒犯性，指精神病患者、疯子或智力有障碍等。——译注

序言

十岁时，我最喜欢做的事是骑车翻越一座绵延一英里的巍峨大山，那座山从我住的地方一直延伸到附近的亨汉姆村。我所在的村子风景如画，村名却自相矛盾地叫“丑陋村”（Ugley）[1]。到达山顶后，我会松开刹车自由地俯冲而下，假装自己是希瑞公主[2]（而我的自行车就是她的天马，顺风）。

小学最后一学年开学前的那个暑假长达六周，一个晴朗的夏日，我骑车穿过一片光听名字就很可怕的油菜（一种鲜黄的作物）地时，突然开始喘不过气。虽然这是我首次体会到肺活量不足的感觉，但我还是尽量张大嘴巴，大口吸气。而下一秒，我便侧身摔进了沟里。

我是那种很皮实的小孩（我说的“皮实”指的是“相当笨拙，对

[1] 与 Ugly（丑陋）发音相同，因当地一所同名女子学院而闻名。

[2] 出自 20 世纪 80 年代的美国动画片《非凡的公主希瑞》，主人公希瑞（She-Ra）是个犹如神奇女侠般的英雄，坐骑是一匹名叫顺风的天马。——译注

掉进沟里这种事再熟悉不过”），很快我就恢复了镇定，高高兴兴地骑车回家了。直到晚些时候，吃着我妈做的那桌臭名远扬的炖豆子时，我这才想起发生了什么。

翌日，我妈带我去看我们的全科医生，菲利普斯医生。菲利普斯医生两只耳朵上方都留有一小簇灰黑的头发，中间是一颗圆得闪闪发亮的大光头，戴一副半月形眼镜，对任何事都喜欢喃喃自语地念叨“好，好，好”。

“天哪，娜塔莎，你一点儿都没长高吗？”他说。他上次见我时我九岁，要是我在这一年里当真一点儿没长，那恐怕才真是奇了怪了。“你最近好吗？”

“我很好，谢谢。”我答道，因为那一刻我很好，也因为我是英国人，哪怕痛苦难当、半死不活，也会如此作答。我妈抬眼望着天花板，解释说我昨天呼吸困难，可能还“晕倒”了。

“好，好，好。”菲利普斯医生说。然后他让我站到秤上去，个中原因我至今摸不着头脑，也许因为我不是医学专家，也许在当时那种情形下这么做自有意义。他最后总结说，我的体质指数[1]略高于平均水平。因此，我很有可能是哮喘发作或者对油菜（呕！）过敏，也可能二者兼而有之。想必他坚信瘦子永远不会生病，也不会患上任何过敏症。

此后我得到了一个熠熠闪光的塑料装置，通体浅蓝色，带一个深蓝色的盖帽。我早在学校其他小孩那儿见识过，知道这个叫吸入器。

[1] 即 BMI，国际最常用的表示身高与体重之比的指标，以衡量一个人是否过胖或过瘦。——译注

我欣喜若狂。虽然我也全然不知为何，但当时哮喘似乎是种别具一格、令人新奇的疾病。而吸入器就像邦德的那些小玩意儿，一旦时机成熟就可以掏出来在操场上炫耀。不错，我对我的吸入器爱不释手，一有机会就高傲地把它塞进嘴里，才不管是不是真有必要。

所以几周后，当我再次出现呼吸困难时，我比谁都惊讶。这一次我在室内，身边没有任何可能导致呼吸不畅的自然事物。最终我们归咎于我对“光亮先生”[1]的抛光剂产生了不良反应，我妈每两天就要拿它里里外外地给家具全都上层蜡（从那之后，我总能用这个借口愉快地逃避做家务，直到……坦白说，我恐怕永远不会拆穿这件事）。

整整 20 年后，我最终被诊断患有焦虑症，这才恍然大悟当时发生在我身上的是一次又一次的恐慌。早年，我的全科医生关注了我的体重和血压，询问了我家是否有花粉过敏史，却没有过问我的情绪，错失了弄清我的问题的可能。

我的表妹克洛伊小我一岁，她原本就住在几英里开外。我俩情同亲姐妹，但当时她却（似乎很突然地）搬去了诺福克。不久后，她患上了一种恶性胃肿瘤。我并不知道“肿瘤”到底是什么意思，但我知道一定不是什么好事，但凡说起它，总有人落泪。

那阵子我多次往返剑桥的阿登布鲁斯克医院，前前后后总共在后座上吐了好几个小时（现在我知道那不是我以为的晕车，而是焦虑），我永远不知道会在医院里看到什么样的克洛伊。一次，她穿着黑色的天鹅绒拖鞋在病房里滑来滑去，喜笑颜开；还有一次，她身上连着一

[1] Mr Sheen，英国的一家油漆和涂料制造商，成立于 1947 年。——译注

台哔哔作响的可怕机器，躺在重症监护室里，双目紧闭，几乎动也不动；又有一次，她坐在轮椅上直哭，因为大人们不停地给她扎针，她又疼又累。

我不知道探病应该是怎样的。起初，我和克洛伊不过聊些稀松平常的事，像是迈克·杰克逊新出的“逆天”MV，或者为什么宾果饮料是全宇宙最好喝的。但过了一段时间后，我开始觉得这种快乐乃至一如往常的感觉很别扭。

克洛伊的这种精神状态一直持续到我弟弟乔出世。他出生两三个月后，她感染了一种病毒去世，年仅九岁。几年后，我方才感觉到这是何等的荒谬与不公。克洛伊几经鏖战原已制服了癌症，但化疗重创了她的免疫系统，以致她最终死于感冒。

而在当时，我却很奇怪地无动于衷。克洛伊有个“真正的”妹妹，叫赛恩。她那年五岁，发奋把自己的悲伤转化为习武的动力，打得对手屁滚尿流。我强压下自己的愤怒与痛苦，因为一个年纪比我小一半的女孩尚且那么勇敢。我想，我没有理由崩溃，我还没有资格大哭大闹。

此外，我还有很多其他事要操心。乔早产了四个月，只比我的另一个弟弟伊桑小十个月，体重不过两磅。记得伊桑和我第一次在阿登布鲁斯克医院（又是这里）的特殊婴儿病房见到我们的新手足时，我俩看着保育箱里的他，只觉得那根本不是婴儿，那是“疯狂的青蛙”[1]（不过当时是 1990 年，严格说来我们还无法以此为参照）。

---

[1] 2004 年冲上英国单曲排行榜的一首搞笑歌曲，MV 的主人公就是一只蓝色的青蛙，头大身细。——译注

乔回家后需要悉心照料。他夜里每隔两小时就会醒来一次，不像我，他真的患有重度哮喘，所以哭泣的时候不能没人看着。为了给我那睡眠严重不足的可怜母亲搭把手，放学回家后，我承担起了照顾伊桑的责任。我喂他吃东西，给他换尿布，陪他玩，替他收拾玩具。我的老师和亲友开始夸我变得“负责”和“懂事”了，成了个出色的好女孩。我也开始用这些话定义自己，用我对周围人有多大用处来衡量自己做人的价值。

乔的出生和克洛伊的死亡，标志着我的童年猝不及防地结束了。这话听起来非常戏剧化，也许让你产生了一种错误的印象，以为十岁的我身穿肮脏破旧的睡袍，愁容满面地听着莫里西[1]的唱片，抽着红色万宝路，喝着厚底杯里未兑水的威士忌。毋庸置疑，事实并非如此。我并不记得那段时间我有多不开心或是觉得自己被忽视了。我只是失去了健康地真情流露的能力。

我现在明白了，情绪就像其他能量一样，永远无法被真正摧毁。它们可以被表达、被释放出来，也可以借由创作或运动转化成另一种能量，但却不能随随便便地置之不理、抛诸脑后。那段时间压抑的所有情绪——我的愤懑、悲伤、怒火和困惑，我都未能消灭它们。

相反，我创造了奈杰尔……

---

[1] Morrissey，英国著名殿堂级歌手，歌曲充满文学气息，经常描绘失败的爱情、过往的重担、寂寞、禁锢等灰色情感。——译注

目录

焦虑

Anxiety

奈杰尔

“奈杰尔”是我喉咙里的一个肿块。“他”总在我最难过的时候现身，尚未赋予“他”人格和名字之前，我把“他”想象成一股全盘操纵我情绪和行为的邪恶力量。奈杰尔的出现几乎是我恐慌发作的前兆，凡是经历过恐慌发作的人都知道，那感觉像要被乱棍打死一般。

一位心理治疗师建议我把喉咙里的肿块拟人化，譬如赋予它一些人格特质，好让它不再那么可怕。

“你需要的是一个在你看来有些邪恶，又不乏风趣的人。一个你可以尽情嘲笑的滑稽对象。没有任何实权。”她告诫我说。

这就是我为何以英国独立党前党魁奈杰尔·法拉奇的名字，命名我那由来已久的焦虑症的显著特征。各位，你越琢磨这个类比，就越会发现它是多么贴切[1]：我的焦虑症是由非理性的恐惧与妄想造成的，常闹着要痛饮一番（但不能碰酒，酒精只会雪上加霜），就在你以为自己已经永远甩掉它的时候，它又蹦出来了。它就是个令人窝火的幻想家，醉

[1] 奈杰尔·法拉奇（Nigel Farage）曾两度担任英国独立党领袖，领导英国脱欧运动，力主脱欧，为此遭到过议会嘲笑起哄。2016 年 7 月 4 日一度宣布辞职，三个月后又复出，重新担任该党党魁。这与作者反复发作的焦虑症颇有一比。——译注

醺醺地冲着苍天叫嚣荒谬而不切实际的想法。

十岁起，奈杰尔就出现在了我的生活中。那时我还骑着自行车在乡间恣意驰骋，跑进灌木丛里撒尿。小孩都爱以己度人，我以为我很正常，每个人都有一个奈杰尔。我的这个推断只在我妈身上得到了证实，她也有一个奈杰尔（这个可以遗传，不过我不清楚主要是先天的还是后天的），经常说她伤心的时候无法吞咽、无法进食。恼火的是我却养成了相反的习惯，奈杰尔一出现，我就暴饮暴食，妄图“把他压下去”。最终害得我有八年时间都被贪食症的魔爪按在马桶里，吐得没完。详情容后再叙。

直到多年后，我已二十出头，我的第一个固定恋人说他觉得很奇怪，从未听过我高声嚷嚷（事实上一旦吵架，我连低语一句都做不到），我这才觉得自己有些不寻常。那些符合多数人行为规律的、“应该”吓倒我的事情，我丝毫不惧。自七年级起，我已在上千人面前演讲过。电视直播我也毫不怯场，还曾在议会大厦里站出来斥责那些政客，心不慌气不短。但要是换作亲密关系中的争执，或者要我表达情感需求，我就像一条出了水的鱼，挣扎不已。

我认为，正是这些被压抑的能量和难以言喻的痛苦滋养着奈杰尔。但我也是在经过一段时间的集中治疗和钻牛角尖似的自我剖析后才认识到了这一点。生活中，我一直无知无觉，日日隔绝自己内心的想法，仿佛奈杰尔只会毫无预兆地突然现身。

别人经常问我是不是感觉像被无形的手掐住了脖子，但我觉得更像被一大块实实在在的毒药噎得透不过气。个中滋味，可想而知。

我一直拖到 31 岁才为了奈杰尔去看医生。那时，我每周有三天都动弹不得，大量出汗，心跳剧烈而凌乱，就连躺在床上也会出现过度换气的症状。我妄图靠酗酒自我治疗，还开始用一些常见的方式自我伤害。一次，我不由自主地从料理台的刀架上拿了一把面包刀，割开了自己胯骨周围的皮肤，正是这件事最终给了我寻求专业帮助的动力。看来就算是我也未能摆脱那个荒谬而普遍的观念：心理疾病只有在对你的身体造成看得见的伤害后，才值得引起重视。

从那以后，我一直努力平衡自己的生活，节制饮酒，尽我所能地只在真正饥饿的时候吃东西。意识到自己 20 多岁时的体力活动仅限于性生活和偶尔学碧昂丝跳跳电臀舞后，我开始跑步和打拳，坚持锻炼。我给自己找了个心理咨询师，尝试了各种各样的抗焦虑药，均有不同程度的疗效。最终我找到了一款药，适量服用后，既能抑制我的恐慌发作，又不致情感麻木，也不会妨碍我继续做那个（要我说的话）相当古里古怪的自己。

康复不是一门精密科学。它需要长期监控，定期复诊。然而，能够说出焦虑症就像有的人患有糖尿病一样，只是我的一个侧面，不是一个吸纳万物将我一步步拉入深渊的旋涡，这种感觉真是难以言喻的美好。

焦虑：一种情绪

根据每日邮报网站上的科普和事实，普通人一生中大约有六年半的时间是在担忧中度过的。换言之，也就是有 3416400 分钟都在瞻前顾后，没有全身心地活在当下。

其他动物可不会如此，首先是因为它们没有我们这么大的脑容量；其次，如果它们有，很可能就会聪明地认识到瞻前顾后毫无意义。

焦虑在许多方面都可以说是我们那异常庞大的大脑赐予人类的礼物。如果你读过生殖生物学家大卫·班布里基博士的著作，就会知道认知能力的发展是我们这个物种生存和进化的基础。人类至少在体质上是比较差劲的。和其他哺乳动物相比，我们既不强壮也不敏捷。所以我们需要想出更富创造性的方法，确保族群不会被猎杀到濒临灭绝的地步。

班布里基认为，在我们的进化史中，某次气候变化或自然灾害迫使人类离开原本遮风挡雨的森林，走入开阔的平原。没有了林木植被的庇护，智力或者说“随机应变的能力”便是一个人所拥有的最重要的东西。聪明才智委实成了那个时期的必需品，改变了随之而来的一切。

以智力为尊的必要性，标志着我们在择偶上也开始认为聪明的潜在伴侣更具吸引力。（同样有意思的是，幽默也是聪明的一大标志。这就是为何我青春期乃至现在迷恋的差不多都是单口喜剧演员。）

我知道只看油管（YouTube）上的评论很难相信这一点，但人类确实已经进化了，我们中最愚蠢的那部分人早已被淘汰出局。时至今日，我们的大脑约莫比实际所需的大三倍。

我们超群的智力在许多方面都有惊人的建树。一方面，我们巨大的大脑反过来为我们构建了我们所熟悉的现代社会：科学、艺术、文化、建筑、工程、运输、医疗、太空旅行和皮礼士糖果盒[1]。另一方面，正

[1] 1949 年，皮礼士糖果公司为上流社会设计了一款风靡全球的打火机形制的糖果盒。现如今全球有很多这种糖果盒的收藏爱好者，美国加州甚至还有一座专门的皮礼士糖果盒收藏博物馆。——译注

是那些额外的、非必要的认知能力，害得我们花了大把时间担忧、焦虑、自讨苦吃、常常为了小事庸人自扰。那些多出来的大脑空间，总是必须找点事做。

下次看自然纪录片时，不妨留意一下斑马群是如何度过它们的一天的。它们快乐地吃草，直到其中一匹斑马突然转了转它的耳朵瓣，因为它发现了一头正在逼近的母狮。它向族群发出信号，斑马群开始本能地朝与母狮相反的方向聚集。它们成群结队地奔跑，敏捷而优雅，而且不知何故几乎不会彼此冲撞，直至母狮设法叼走了其中一匹。母狮把它的晚餐拖到方便进食的地方，和它的幼崽一起大快朵颐，而其他斑马……仍旧继续吃草，仿佛无事发生。

你不会看到斑马事后凑在一起开汇报会，不安地搓着蹄子说："我不敢相信母狮抓走了朱莉。我对她说的最后一句话还是句气话。下次可能就轮到我了！"据我们所知，斑马全然活在当下，不会浪费时间精力去考虑任何已经发生或可能发生的事。

与母狮对峙时，斑马触发了我们常说的"战斗或逃跑反应"[1]。全称应该是"战斗、逃跑或僵直反应"，不过生活中没人这么说。包括人类在内的所有动物都有这种能力，以便让我们的身体变成一台更快更强的机器。

若大脑认定我们身处险境，就会开启存在于无意识领域中的自动模式。这可以追溯到我们还是穴居人的时候，经常会路遇捕食者。面对一头流着口水、咆哮不止的饥熊，任何犹豫几乎都会导致当场丧命。我们

[1] 这一说法，1929 年由美国心理学家怀特・坎农提出，指有机体经一系列的神经和腺体反应而引发的应激状态，以使躯体做好防御、战斗或逃跑的准备。——译注

能活着讲述这个故事的唯一机会，就是迅捷而本能地行动，别想太多。

当我们大脑中那个名为杏仁核（见本书“大脑”一章）的原始部位啊地尖叫起来时，就会触发战斗或逃跑模式，致使身体产生两个连锁反应。第一个反应如前所述，即关闭意识思维。第二个反应是大量释放一种名为肾上腺素的化学物质。肾上腺素以惊人的速度在我们体内循环，滋养并增强我们的肌肉。

在战斗或逃跑模式下，我们最有胜算逃脱或者反抗（这个胜算比较小）饥熊的捕食。或者，我们还可以“僵直”，一动不动，如此一来熊就注意不到我们的存在了，这就是无意识大派用场之处。意识思维通常会导致口头示意、多余的动作和常见的战栗，所有这些在那种情形下都于事无补。

逃离或对抗捕食者的行动会耗尽杏仁核释放的肾上腺素，换言之，对峙一旦结束，我们又会恢复如初。这套小小的系统堪称完美，如果你是穴居人的话。

如我这般生活在 21 世纪的伦敦，是不太可能在伊灵百老汇哪个绿叶掩映的角落里撞见一头剑齿虎的。问题是，杏仁核无法区分寻常的焦虑和真正的危险。所以，假使我乘坐 73 路公交车去开会（和其他爱耍酷的小孩一样，坐在上层最前排，假装是自己在驾驶），路上突然开始琢磨“噢，天哪，我害怕去开会，要是……”，这个思考过程很可能就会引发战斗或逃跑反应。

此时，我体内已然充满肾上腺素，但却缺乏一个实实在在的途径释放掉这种化学物质，让我回落到意识思维运转自如的状态。毕竟，我不能把公交司机胖揍一顿，然后逃之夭夭，这种行为可要不得。

你可以回想一下自己有时做的那些出格或有点羞于启齿的事，或是你的身体不服从大脑指令的时候，你当时很有可能就处于战斗或逃跑状态。每天都可能有上百件事会刺激你触发战斗或逃跑反应。请记住，你一半是种复杂难解的充满灵性的生物，还有一半是只剃了毛穿着油光锃亮的布洛克皮鞋[1]的黑猩猩。

我们原本并不应该每时每刻都处于战斗或逃跑状态，但过度拥挤、重度噪声、一刻不停的快节奏、没完没了的待办事项、紧锣密鼓的会议、难以捉摸的社会环境、考试、力求“完美”的压力，乃至社交媒体上一句尖酸刻薄的评论都可能引发战斗或逃跑反应。

短期来看，肾上腺素会使我们发抖、恶心、头晕眼花、无法抑制想要反复上厕所的冲动、过度换气或是引发其他呼吸不畅的症状（你好，奈杰尔），进而使我们变得沉默寡言或异常好斗。长远来看，它会导致身体过度分泌一种有些难缠的化学物质皮质醇，皮质醇过高会诱发抑郁。

此外，还有另一个不良的长期影响。当我们处于战斗或逃跑的临阵状态时，我们的力量和灵活性相较平时可能有所提升，但这是有代价的。为了调动并集中所有必要的能量，我们的身体在那一刻会关闭一切不必要的身心活动，其中就包括饥饿感（这就是为何高度紧张的人要么根本不吃东西，要么就忽视身体发出的信号，只为安抚情绪而进食）和免疫系统。有鉴于此，焦虑不仅会让你更易感染病毒，妨碍伤口的消肿愈合，还会影响你的皮肤、指甲和头发。

[1] 起源于英国的一种精美雕花皮鞋。20 世纪开始逐渐演变为绅士身份的象征，是男士搭配西装出席正式场合的必备着装。——译注

焦虑：一种疾病

鉴于现代社会中引发焦虑的刺激太多，无怪《卫报》在 2016 年报道称在年轻人中，焦虑症是蔓延最快的疾病。还有，被业内奉为“心理障碍圣经”的《精神疾病诊断与统计手册》（DSM），在新一版中认定了至少 12 种不同类型的焦虑症，也不足为奇了吧？

说到这里，有必要说明一下，寻常的压力与担忧（虽然很恼人，但通常不会让人变得脆弱）、为应对压力事件而产生的极度焦虑（这是一种健康的心理反应）和焦虑症之间有很大的区别。

大约一个世纪以前，人们才开始觉得焦虑是个问题。在此之前，哲学家认为一旦认知到人终有一死，宇宙广袤无垠而死亡不可避免（平心而论，如果你别刷推特，好好细想一下，这些概念着实可怕），焦虑便接踵而至。感到焦虑甚至一度被视为精神境界的提升，是真正实现了精神自由的结果。

但克莱尔·伊斯特汉可不会同意这种说法，她打造了一个异常受欢迎的博客“我们都疯了”，还撰写了同名书，同时也是一位重度焦虑症患者。克莱尔饱受社交焦虑之苦，对别人看待自己的眼光抱有强迫性的妄想和恐惧，社交活动、开会和公开演讲也都会引发她的恐慌。这是最常见的焦虑症之一。其他类型还包括：

广泛性焦虑症（GAD）

英国国家医疗服务体系精选网给这种焦虑症下的定义是“一种无明确对象、长期对各种情况和问题感到焦虑的心理状况”。它所指的这种焦虑感并不局限于某种特定的恐惧或恐惧症，而是可以发生于任何时间、任何地点。归根结底，如果你患有广泛性焦虑症，那么你一生中的大部分时间都犹如与一头剑齿虎共处一室，疲于应付。

强迫症（OCD）

这个词绝非“喜欢干净整洁”的意思，尽管我们在日常生活中经常这么用。我烦透了听到别人说“我有点强迫症，桌上的东西都得对齐了才行，哈哈哈哈”，我得强忍着一把抓住他们的衣领怒吼的冲动：“你觉得要是你桌上的东西没对齐，你的家人就会死吗！”

OCD中的O代表的是obsessive，指不断重复的思维模式，譬如，“细菌无处不在”（确是事实，但大多数人都不在乎）。C代表的是compulsive，指个体为了中断强迫性思维而被迫采取的行动——譬如洗手。所谓“症”（D，disorder），则表示这种情况长期存在。在我们的例子中，即便这个患者已经洗了手了，细菌无处不在的想法还是会卷土重来，所以他会再次洗手，有时甚至连洗好几次。如果不加控制，他还可能发展出其他强迫性行为，譬如害怕染上细菌而不肯触摸某些物品，直至最终无法迈出他那间消过毒的圣洁房间。

强迫症的另一个常见表现是总相信会有一些可怕的事，发生在自己所爱的人身上。强迫症患者可能会发展出一套固定的程式来表达和平息这类恼人的想法，譬如必须在睡前把灯开了关，关了开，不多不少准确重复 25 次。

创伤后应激障碍（PTSD）

战斗、逃跑或僵直反应的另一个迷人的副作用是，促使我们的大脑将当下无法处理的事情放入一个“容后再做”的箱子里。因为这些事会妨碍我们全心全意地应对手头的任务，或是我们已经顾不了那么多了。这些被屏蔽在意识思维之外看似遗忘了的记忆，事后会在意想不到之时，突然涌回创伤后应激障碍患者的脑海中。

创伤后应激障碍在军队中最为常见，我们知道很多上过战场的人都留下了心理创伤，因而饱受应激障碍的折磨。很多其他事件也可能造成创伤后应激障碍，尤其是性侵犯。

事实上，我们非常有必要认清“僵直”也属于战斗或逃跑反应，因为它回答了法官过去经常询问强奸受害者的一个问题：“你怎么不反抗、不挣扎呢？”言下之意是只要你反抗施暴者，就不可能被性侵，以致成百上千的受害者始终未得到公正的判决。

现在我们知道，面对危险时，不仅我们的身体会出现僵直反应，我们的大脑还会自行做出“逃跑”反应。如果你的身体根本无法脱离险境，你的大脑就会不管不顾地自行放空。这就是我们一紧张就大脑空白的原因，此外也解释了一些与创伤有关的机制。

一位心理学家曾告诉我，如果你想体会遭遇心理创伤是什么感觉，想想你喝高了的时候就知道了。你一觉醒来蒙蒙眬眬的，怎么也记不起昨晚的情形。你试图将支离破碎的记忆片段拼凑起来，弄清昨晚到底发生了什么。这种感觉就与创伤造成的影响非常相似。

心理创伤往往比我们想象的更为主观。我们没资格判定他人的创伤究竟因何而起。欺凌会造成创伤，无论是情感、身体、性行为、心理还是来自以上各个方面的欺凌。当记忆再度浮现时，创伤会带来意想不到的痛苦和情感冲击，那种感觉非常鲜活，仿佛又重新经历了一遍。如果这种情况经常发生，便具有了创伤后应激障碍的典型特征。

恐慌发作。啊，我幸福生活的克星：恐慌发作。如果询问专业人士，他们会告诉你，恐慌发作不过是种集中、剧烈且短暂的战斗或逃跑反应，具体表现为对声音和颜色高度敏感、心率加快、头晕、恶心和呼吸困难。如果询问一个经历过恐慌发作的人，他们会说："整个世界忽而清晰忽而模糊，好像我吃了迷幻药一般。我无法呼吸，以为自己快死了。于是我一连哭了半个小时，无比想吃一盒麦维他燕麦饼干（也可能只有我才想吃饼干）。"

焦虑自检的新手指南

自述"我感到焦虑"，并非是下了自我诊断。"焦虑"一词相当常用，源自希腊语"angh"，意为"紧压或扼杀"。

大多数日子里，我都需要结合药物、运动、音乐和佛教的修行方法来应对我的恐慌症。我练习禅修从远处观照自己的情绪，平静地默想："看哪，我正在焦虑（用我丈夫的话说是'让我的大脑滚一边去'）。"为此，我认为我有义务向人们解释我的病症与常见的焦虑、担忧和恐惧等过渡性情绪之间的区别。

你要问自己的第一个问题是：我的焦虑是否是针对一些具体或有形的事物的反应？若答之肯定，再问问自己：大多数人都或多或少对这件事感到有点紧张吗？如果你一想到近在咫尺的驾照考试就紧张得直吐，但除此之外都过得挺好的话，虽然你无疑也相当难受，但可能算不上什么毛病。这是一种对公认的压力事件的合理反应。

然而，要是这件事大家普遍认为很轻松、很愉快，比如和朋友聚个餐或和超市的收银员交谈，但你却浑身战栗、汗流浃背，那你就步入了"疾病"的范畴，应该跟你的医生聊聊。（切勿胡乱自诊，一定要寻求专业医生的建议。）

战胜恐慌的第一步，差不多都是从调节呼吸开始的。传统的老办法是往纸袋里呼吸，以对抗由焦虑引起的浅快呼吸[1]。时至今日，有些医生仍对这个方法深信不疑，但值得注意的是部分新观点并不推荐这种纸袋呼吸法。首先，你可能会吸入纸袋中的收据或其他杂物引发窒息；其次，纸袋只能起到一定的心理作用（让你在恐慌时借此集中注意力），而且你也不可能随时随地手边都有纸袋。

我掌握的一个有用的技巧是先绷紧浑身上下的每一块肌肉，默数五下，而后放松，默数十下，同时呼气。要不然就耸肩至齐耳高，然后默

[1] 指浅表而不规则的呼吸，有时呈叹息状，是医学上的一种病征。——译注

数七下，慢慢放下肩膀，同时呼气。这两种方法都会让你在办公会议上看起来有些古怪，但过度换气、无缘无故地对别人大吼大叫、莫名其妙地一言不发、吐在废纸上或是浑身燥热恨不得一股脑扯掉所有衣服，也会让你显得很古怪。

下一步是向穴居人取经，为你体内流动的肾上腺素找一个出口。运动是种很好的方式，哪怕只是轻松地散一小会儿步，做几次星跳[1]，或者放着皇后乐队的精选辑在家尽情摇摆，这期间还可以像佛莱迪[2]那样用吸尘器婀娜地吸个地。有条件的话，还可以下载些不错的应用程序，里面有不少五到十分钟的引导冥想和正念练习（见本书“自我护理”一章）。

焦虑时究竟是该“顺其自然”还是强自镇定，专家莫衷一是。我比较倾向于前者，因为我发现“镇定”这个词哪怕是自己对自己说，也会越说越有反效果。我相当反感这样做——我甚至不喜欢强迫自己做任何事。事实上，我发现彻底反其道而行之，对焦虑说“来吧！直截了当地来吧！”还比较有用。拿出丹尼·戴尔[3]那个架势与之对峙，我就几乎不怎么焦虑了。当然，服药可能仍然必不可少（见本书“处方药”一章）。

归根结底，生活是美妙的，纵然有时混乱不堪。你的存在独一无二，你得以你自己的方式去驾驭生活。别理那些自称有办法彻底根绝焦虑的人，专心致志地寻找一套适合自己的综合疗法。

---

[1] 一种健身训练，要求高高跳起时四肢伸展向外张开，与头部共同呈现五角星形，故名。——译注

[2] 佛莱迪·摩克瑞（Freddie Mercury），英国皇后乐队主唱。他在单曲《挣脱一切》（I Want To Break Free）的MV中异装亮相，手持吸尘器，姿态优美，引起轰动，甚至一度被美国禁播。——译注

[3] Danny Dyer，英国男演员，童星出道，演技可圈可点，塑造过不少硬汉形象，代表作有《英雄时代》《断头气》《伦敦东区》等。——译注

大脑

Brain

认识你的大脑

成年人的大脑约重 1.5 公斤，比两袋普通装的白糖略轻一点。其中包含 1500 亿个神经细胞，每一个都能与其他神经细胞建立数千连接。换言之，此时此刻你大脑里的各个神经细胞之间正存在数万亿个连接。

我们出生后，大脑中第一个被激活的部分是杏仁核。如上一章所述，杏仁核有时俨然是个小浑蛋。从构造上讲，它的使命是让你活下去。但因为杏仁核是为适应人类最初那种与现在迥然不同的生活方式而创设的，所以它保护你的方法是对预感到的危险或某种能获得即时满足的机会做出强烈反应。

那么，我们如何才能超越杏仁核的反应，按照社会规范和我们的道德准则理性行事呢？大脑中自有一些结构可以帮到你，譬如隔核。

我们有两个隔核，分别位于大脑的两个半球，它们的作用是在杏仁核冲动行事的破坏性大于建设性时，抑制杏仁核。比如，“我喜欢那家伙的靴子。但如果我把他绊倒，抢走他的靴子，可能会去坐牢”。我们八个月大时，隔核就开始发育了，此时大多数孩子都可以到处活动了，需要以更复杂的方式评估周遭的危险。

两三岁时，我们大脑中最复杂的部分，也就是涉及道德和性格的那部分，才开始成形。我们天生有两个海马体（因形似海马而得名于一种神话中的生物[1]），使我们能对正在发生的事进行情感叙事，并从过去的错误判断中吸取教训。

大脑会持续成长发育到我们22岁左右，但大多数心理学家认为，就情感发展而言，人生的头五年最为关键。因为为了印证我们对现实的理解，我们会不断回顾对这个世界的初体验。正如认知神经学家安尼尔·赛思在TED演讲中所言，看见东西的不是你的大脑，而是你的眼睛。同理，你的耳朵和听觉，指尖的神经末梢和触觉亦复如是。大脑的工作是解读所有这些信号，并试图建立起对身体所处环境的理解。

大脑的体验区将来自身体的信号传递给叙事区，叙事区从中选用信息创造出描绘我们的身份和我们所在世界的故事。随着年龄的增长，大脑的叙事区会逐渐占据主导地位，它已积累了大量重要的观念和故事。

说到这儿，正好可以谈谈我所学到的最难以置信又至关重要的一件事：我们的大脑臆造了我们的现实。成年人的大脑自己创造的信息多于从外部接收的信息。因此，我们所经历的大部分事情，其实都是我们内心期待的外化。

儿科医生常举一个例子，如果你告诉小孩“汽车大多是红色的”，相比其他颜色，他们就会开始特别留意红色的车辆。故而，你植入的观念终将成为一个会自我应验的预言，因为他们的大脑已预备要优先注意红色车辆了。这个例子很好地解释了这一原理，但还不足以充分展现出它巨大的影响力。我们经历的大部分事情都是我们期待的幻象。如果我

---

[1] Hippocampus，既指海洋生物海马，也指希腊神话中一种马头鱼尾的怪兽。——译注

们能钻进别人的大脑，世界的模样、声音和感觉可能都大不一样。

1951 年辞世的哲学家路德维希·维特根斯坦说每个人都有各自的“blick”，这个词在其母语德语中意为“视角”或“观看的方式”。维特根斯坦把“blick”想象成一副护目镜，每个人都戴着，透过各自的信念、道德、价值观和阅历来看待这个世界。最要紧的是，维特根斯坦还告诉我们，这副护目镜取不下来。（不过在我看来，它们本质上是在不断变化的——你无法改变你也有“blick”的事实，但你可以改变它的底色。）

神经科学家 25 年前才真正开始认识到维特根斯坦这一理论的重要性，它为生活的方方面面都带来了巨大启示，尤其是心理疾病领域。假如现实只是一群有着相同幻觉的人所达成的共识，那么那些以不同方式看待世界的人，就不见得有什么“毛病”了。他们只不过是体验了一些大多数人未曾体验过的事情而已。（详情将在本书“精神病”一章中另行论述。）

因此，我们的整个人生可以说都在反复运用所谓的确认偏误[1]。我们在幼年时期接受了一套基本的想法和观念，自此便开始有选择性地处理从外部接收到的信息，以印证那些先入为主的想法。

普通人清醒时每秒大约会收到 200 万条信息。然而，大脑只会有意识地记录其中五至七条。大脑会依据你当前最重要的生存所需，用一个由你的基本价值观、信念和期望共同构成的抽象的筛子，过滤掉它认为不相干的信息。换言之，我们的意识思维对数量惊人的 1999993 条信息都视而不见，而且基本上每秒都“丢失”了这么多。我们所体验到

[1] 指人们会倾向于寻找能支持自己观点的证据，对支持自己观点的信息更加关注，或者把已有的信息往能支持自己观点的方向解释。——译注

的不过是整个现实世界中的沧海一粟。

在此简要提一下自闭症。我没什么与自闭症患者打交道的经验，但是，一位教育心理学家曾告诉我，自闭症患者每秒在意识层面所体验到的刺激多于正常人的五至七种。因此自闭症患者会出现“感觉超负荷”的现象，无法处理和应对他们听到、看到和感觉到的一切。

那么，既然我们在这个星球上度过的头几年时光如此重要，足以左右我们今后的一切，为何我们又有可能改变自身观念呢？我无法从科学的角度谈论这个问题，但我以为答案其实很简单：谦逊。

在某种程度上，我很羡慕那些从未脱离幼年的叙事模式的人。他们喜欢直言不讳，嘲笑那些他们认为不如自己聪明的人的观点和经历。如此自信，感觉一定很不错。

然而，世上根本没有客观现实这回事，每个人的大脑都串通一气促成了一个公认的集体幻觉，我认为这样的想法中也存在着一种反常的慰藉。因为，就像约翰·沃尔夫冈·冯·歌德说过的那样：“最无可救药的是那些身为奴隶，却误以为自己还自由的人。”

大脑和心理不一样

根据我的经验，了解精神混乱时大脑的运作机制，有利于我们与心理疾病共存。很多人都知道，我会和我的杏仁核对话（这样做会引人侧目，但我认为让陌生人觉得我有点古怪，总比恐慌发作好）。我会感谢我的杏仁核派奈杰尔来提醒我注意危险，但同时也会斩钉截铁地告诉它，那些可怕的事不论如何我们是做定了。

我们常听人说要“相信自己的直觉”，这个建议一般而言不会错。但有时我们很难分清这究竟是真正的直觉，还是你的大脑一时之间在乱发脾气。

我小时候跟我妈说我不舒服，她会问我：“是身体不舒服还是心里不舒服？”虽然我当时还未确诊焦虑症，但我妈很了解我，她知道我有时状况不好是缘于心理而非生理，因此需要另一种照料。这个方法很有效，能准确地分辨出究竟是哪里不适。不过我需要多加练习才能分辨，毕竟身体和大脑并非各自为政（时至今日，我偶尔还是会莫名其妙地因为焦虑而出现“24 小时流感”的症状），但是这个习惯确实有用。

如今，我进一步提升了这个练习，自问：“究竟是我的大脑不舒服还是我的心理不舒服？”你的大脑只是一个（聪明又无比复杂的）器官，会根据它所处的化学环境和接收到的外部信号全力以赴地运转。而你的心灵——大脑的抽象概念——才是你的本质。按照你的意愿去改变和塑造这颗只属于你的心，才是活着真正的意义所在。

资本主义

Capitalism

资本主义从来不考虑我们的幸福

我们所说的“意识思维”，即我们能有意识地进行控制的那部分，约占我们总体思维能力的 9%。各路专家对这个数字略有争议，因为思维很难量化成百分比，但绝大多数专家都认同无意识占比更重、更大。

无意识实际上只对一种影响做出反应：重复。你反复做过、说过、听过、看过或是体验过的任何事都会转入无意识。这些事不仅从此变得自动化，还会被排除在意识之外——这就是为何房间一团乱的人，自己却注意不到脏乱。

历史证明，这非常有利于人类掌握各种技能。以前我们必须全神贯注去做的事，只要经常做，就会转入无意识领域，变成一种习惯。因此，我们可以一面自动执行一些无聊的日常任务，一面空出我们的意识思维去解决出现在眼前的特殊问题。

最好的例子就是开车。通常来说，头几节驾驶课你都会焦头烂额地琢磨到底如何才能兼顾信号灯、后视镜、警示路标、挂挡、转向和踩离合。我记得我当初就很纳闷那些专职司机是怎么悠然自得地搞定这一切，还另有余裕听收音机、和乘客聊天或抽烟（因为那时是 20 世纪 90 年代，几乎每个司机都会边开车边抽烟）。

然而，等你开了一段时间车后，多半就会发现不仅开车这一机械化的操作流程变得自动化了，就连你常开的那段路也是如此。例如，大多数经常开车的人有时会发觉，他们不记得自己是怎么从家里开车去上班的。

对不开车的人来说，想要着重感受意识思维和无意识思维的区别，最好的方法是回忆一下你忘记如何走路的时候。用一种浪漫而委婉的方式来说，这种情况通常发生在你看到一个魂不守舍的人的时候。一瞧见这个天仙般的人物，你的意识思维就开始问自己一些它根本答不上来的问题，比如，“我走路的姿势是不是很优雅、很性感？”

对我们大多数人而言，走路是种无意识行为，不需要特意集中注意力。因此，当被问及走路的问题时，你的意识思维只能回答“我怎么知道，那不归我管”。此时，提问者会在一瞬间完全忘记该怎么走路。于是，我们经常目睹这样一个场景：一个本想在心上人面前表现得若无其事的人，最终却摔得鼻青脸肿。

你能意识到的所有想法都来自意识层面，而你可以不费吹灰之力自动完成的事则属于无意识。大脑被设计成这样的不足之处在于，我们有时之所以会接受一些想法和观念，并非因为它们是真实的，也并非因为我们自主选择去相信，而纯粹是因为它们此前曾重复出现过。这就是刻板印象——一种观念被重复太多次而变得无意识后，开始受制于我们头脑中强大的确认偏误阴谋。

于是我们身处的环境就变得至关重要，因为我们会反复接触以致无意识地吸收哪些观念都取决于环境。要是备受欢迎的自由主义运动说的都是真的，我们每个人都有不受拘束的思想自由，都能凭借自主思考从近乎无限的选项中选出一套量身定制的信仰体系，那将多么美好。可惜，我们极其仰仗无意识思维，这意味着我们或多或少都是文化的产物。事实上，最前沿的神经科学即将证明，世界上根本不存在自由意志这种东西。

如果你想进一步论证上述观点，只需考察不同国家或不同年代的人对道德、审美、性取向、性别、成功和幸福的普遍看法有何不同。虽然这个观点可能让人难以接受，但很多我们视之为“显而易见”和与生俱来的东西，实际上都是从环境中习得的。无论以何种经验标准来衡量，我们周围的抑郁、焦虑、饮食失调和自我伤害的发生率都在急剧上升。因此，我们完全有理由认为个中原因可能不像我们想象的那样个人化，而更多是社会性因素所致。同理，自 20 世纪 80 年代撒切尔夫人和里根为资本主义大开绿灯任其一路高歌猛进后，各色心理问题也开始层出不穷，我不相信这仅是一个巧合。

在消费资本主义的大背景下，如何处理主流文化的理想和个人幸福之间的关系，是件无比棘手的事。西方国家的整个金融和社会体系，都有赖于公民用金钱换取产品和服务。故而，我们的文化义不容辞地要说服我们，我们需要靠物质来获得成功和幸福。如果有人知足常乐、无欲无求自然就会是个麻烦，所以必须投入更多精力、财力和创造力，确保人们永远不会满足于他们所拥有的东西。一旦个体纷纷停止需求，我们所熟知的社会就将停止运转。

资本主义影响文化规范最直观的例子是它对审美的支配。“魅力”的内涵现已变得越来越狭隘，越来越难以企及，好让我们始终对自己的外形感到羞愧和无地自容，于是，我们就会花钱矫正。这就是为什么审美典范从相对容易打造的玛丽莲·梦露转变成了可望不可即的金·卡戴珊[1]。

当我们对着镜子、对着衣橱、对着房子、对着车子乃至对着生活心想“好了，我心满意足”的那一刻，我们就失去了作为消费者的价值。因此，资本主义一心谋划着要让我们永远处于恐惧、焦虑、嫉妒和自觉需求的状态。

从历史上看，未必有真正答案，但我认为这并不等于所谓的“自由市场”真就没有任何限制。剑桥大学张夏准教授在其精辟的著作《资本主义的真相》中指出，有些人认为提高最低工资标准或禁止签订零工时合同[2]之类的规则限制了自由市场。这种看法实则建立在一个错误的前提之上，误以为只要废除了这些规则，我们就可以在一个完全畅通无阻的市场上进行交易。

像不允许工厂雇佣童工这样来之不易的人权，一开始提出时也因会破坏自由市场而备受争议，但现在却成了最基本的条款，我们已然熟视无睹。可见，只要我们认为无节制的资本主义所危害的东西比聚敛财富更重要，我们就会在资本主义框架下设立规则。

而如今，社会的首要任务是逐利，民众的幸福、自尊和心理平衡都不如逐利重要。自婴儿期起，我们所接受的信念体系就告诉我们，我们有很多不足，应该对自己的本来面貌感到羞愧和不安，必须花钱矫正。这些信息本质上还往往相互矛盾，譬如，一方面愚昧地吹捧各种食品，

---

[1] Kim Kardashian，美国娱乐界名媛，身材凹凸有致，曾自暴三围，尺寸骇人。——译注

[2] 指雇员根据雇主需要随叫随到，工作量、工作内容和时间均不固定，并且没有任何保障的雇佣协议。——译注

培养并维系暴饮暴食的文化；另一方面又致力于将“美体”的概念商品化。

一如拉塞尔·布兰德在《从瘾君子到康复者》一书中所言，要是你试图用海洛因来逃避痛苦，你会被诊断为有“毒瘾”；但要是你用的是鞋子、车子或合法的娱乐性毒品，你就是资本主义机床中一个大有可为的齿轮，绝大部分情况下都没人阻止你，甚至还会鼓励你。

资本主义至少在理论上是道德中立的——除了赚钱，别无目的。总的说来，唯有国家成本增加时，政府才会公然引导企业做出转变。故而，英国烟草公司的广告权之所以被大幅削减，乃是因为吸烟引发的疾病给国家医保造成了压力。出于类似原因，现在还在讨论限制精制糖的问题。

资本主义的信息铺天盖地——出现在每一个广告牌、公交站、商店橱窗、杂志、报纸、电视和广播节目上，这些信息从来都不曾考虑过我们的幸福。这一点在社交媒体上表现得尤为突出（见本书“互联网”一章），像照片墙（Instagram）这种大企业（活跃用户超过 8 亿人，日均 5 亿人上线），他们的员工工资全靠广告收入支付。社交媒体投放的广告不仅常常让人眼花缭乱，更会基于用户终端上的数据，追踪我们在多个设备或网站服务器上的活动，从而根据我们的兴趣量身定制地推送广告。

这样做造成的最终结果是，社交媒体上的广告往往会被意识思维忽略，但却可能被我们无意识地吸收。我们每次上网时，那些专为放大和加剧我们的不安而重金打造的创意信息，就会被传送到我们大脑的特定部位。而据估计，这些信息占据了我们总认知能力的 91%。因此，自社交媒体出现以来，身体畸形恐惧症、焦虑和饮食失调等心理健康问题急剧增加，还有什么好奇怪的呢？

我并不是说社交媒体的问题仅在于广告，也不是说现代资本主义文化的腐朽核心仅在于社交媒体，我只是想表明这是一个足以见微知著的具体代表。我们的社会结构依赖于常规的金融交易，作为社会成员，我们显然需要在参与金融交易与维护自身自尊之间取得一种平衡。为了有效地实现这一点，公民个人必须做出让步，但媒体、广告和商业背后的势力也必须让步。因为，正如吉杜·克里希那穆提所言："在一个病态的社会里适应良好，并不代表你是健康的。"

质疑一切，精明消费

一如琼·基尔伯恩博士在开创性的纪录片《温柔的杀害》中所说，"第一步就是要醒悟过来"，作为一个概念时装的爱好者、前时尚杂志专栏作家和健身房常客，我绝不建议我们放弃所有昂贵的自我表达方式，往后都住在泥棚里裹着麻袋度日。相反，真正有用的诀窍是训练无意识自动扫描我们身处的环境，找出资本主义的意图，质疑它在我们生活中的价值。

在这方面，我最喜欢用分析视觉广告的方式来锻炼我的头脑，哪怕只是出于好玩。我们会在我的课堂上玩些游戏，譬如找出广告上的法律免责声明（"模特戴有假发片""使用时须配合低卡路里饮食""该场景并非游戏实景”），或是质疑资本主义传播的信息中所蕴含的刻板印象。

最奏效的广告信息会着意挖掘性别（见本书“X染色体”一章）、种族、性取向这类强大的虚构概念，在所谓的“理想”和“正常”上做文章。因为这些概念委实无孔不入，足以满足我们想要证实自身偏见的固有倾向。如果我们试着改变自己的内在叙事，每当有女性被说愚蠢、男性被说无能、异性恋被视为理所当然，或是美的标准狭隘得可怕时，我们都能醒悟过来，也就能避免在不知不觉间吸收这些有害言论。

第二步是改变我们的环境。我一度认为此举在很大程度上是不可能实现的，因为相比身家数十亿英镑的企业巨头，我们实在可以说是无能为力。但别忘了这些企业巨头实际上依赖于我们的持续支持和投资。正因如此，他们才投入了大量的时间精力来预测和支配主流趋势。尽管社交媒体缺点无数，但在这方面却给了我们一些力量。以前我们有社会名流，现在我们有“大V”。他们虽不属于传统或主流媒体，但已在网上拥有相当多的拥趸，足以将他们捧成品味领袖。

要不是泰斯·霍丽迪[1]在网上积累了一大批崇拜她的粉丝，你觉得以瘦为美的时尚界会主动接纳一个26码的模特吗？我可以从专业的角度跟你打包票，没门儿。在我短暂而遥远的模特生涯中（早在社交媒体出现和互联网普及之前），选角（模特试镜）意味着要裹着类似保鲜膜一样的东西站在一堆千篇一律的骷髅架子中间，被一个坐在桌子后面的男人漫不经心地随意评估，最终十有八九会被草草刷掉。广告策划方对

[1] Tess Holliday，美国著名的大号模特，曾在网上发起“另类审美标准运动”，收获粉丝数十万。——译注

他们要找的人有明确的需求，他们会从多家公司派来的数百名候选人中进行筛选，直至找到理想中的她。

而现在，接到通告的往往都是在社交媒体上粉丝最多的模特。从经济的角度来看，由一个已然拥有大量受众的人来展示产品自然事半功倍。因此，决定在网上关注谁很重要。选择在网上与某人互动，实际上就是在给对方“投票”。你是在通过代理服务器告诉互联网及其背后的企业机构：“我希望看到更多类似信息。”正如泰斯·霍丽迪和她的同道中人共同改变了时尚与审美的格局一样，只要我们做出明智的选择，消费资本主义的方方面面几乎都可以迎来改变。

不过，消费者的力量并不能免除企业的责任。目前，禁止虚假广告的法律条款巨细无遗，但企业总有法子不遗余力地说服我们，他们的香水、运动饮料或吸尘器可以让我们更受欢迎、更成功、更快乐，可见要绕过这些法条不是什么难事。有史为鉴，大企业如果不受束缚，就会尽可能地逃避社会责任和环境责任。故而，法律需要审查。顺带一提，我在上次选举中之所以投票支持我所选择的政党，几乎完全是因为看中了他们在竞选宣言中承诺要禁播面向儿童的快餐广告，仅此而已。

不论一家公司向你传达的信息多么亲切、多么友善，他们真正考虑的只有他们自己的底线。你可以利用各行各业提供的东西表达自我，但别沦为他们的棋子，别让他们牺牲掉你的幸福换取资本收益。

质疑一切，精明消费，利用社交媒体改变你的世界。

处方药

Drugs

对服药的偏见后果很严重

2017 年秋，我有幸受邀到伯恩茅斯大学旁听一位运动员的个人问答会。这位运动员深受爱戴，有“国宝”之美誉。他患有双相情感障碍，被送入精神病院接受治疗时，众多媒体争相披露了他的病症，轰动一时。只消粗略地扫一眼相关报道，就会发现当时还不甚开明，足见社会活动家自那之后所做的伟大努力。

问答会上，采访者一度问及棘手的药物问题。这位运动员坚定地表示，如果他坚持服用那些会让他“蹲在角落里流口水”的强效药，现在就无法在这里分享他的故事了。那一刻，我在想如果我没有每天服用抗焦虑药，不知还有没有机会在现场听到他的一席话。

这位运动员很快修正了他的观点，说这只是他的一己之见，而人各有别。这正是那些坚决反对服用心理疾病处方药的人素来不愿承认之处，为此我很感激他。他接着说，通常在需要谈话治疗和社区支持时才会开药，我认为任何理性之人都不会对此提出异议。

我之所以在本章一开篇就讲述这个故事，是因为在心理疾病用药问题上没有绝对的对与错。然而，却有很多污名。人们对服用处方药的偏见往往比对罹患心理疾病的偏见还多，甚是奇怪。我向观众讲述我以前焦虑得无法正常生活时，在座的各位都很平静。但当我透露我在康复过程中每天要服用 100 毫克舍曲林时，他们惊恐地倒抽了一口冷气。

污名化造成的直接后果是，反对药物治疗者的口诛笔伐比支持药物治疗的声音流传得更广。话虽如此，但生产心理健康药品的行业确实腐败横行，为了谋利不惜刻意将没病说成有病，尤其是在那些有相关财政扶助的国家。

我很庆幸我所在的国家不像美国，任由捏造的虚假疾病频频在电视上打广告，试图制造问题，推销治疗方法。我也很庆幸无论是在地域上还是历史上，我所在的地方都采用药物治疗恐慌发作，而不是假设我患有“歇斯底里症”，需要使用按摩棒[1]或接受额叶切除手术。但哪怕我们的医疗系统负责而完善，药物治疗和它们所针对的心理疾病一样多元仍是不争的事实，因此，围绕这方面的探讨同样容易出现判断和理解上的差错。

我千回百转地说了这么多，其实旨在说明：这事很复杂。我不是医生，没有资格当面为人看诊、开具处方，更别说在书里这么做了。以下信息只可作为目前心理疾病用药的一个简便参考，不能取代医学建议。

---

[1] 按摩棒最初是治疗女性歇斯底里症的一种医疗器械，当时认为女性之所以患歇斯底里症，病根出在性生活上。——译注

SSRI 类抗抑郁药

目前，最常见的心理健康用药是 SSRI 类抗抑郁药，全称是选择性 5- 羟色胺再摄取抑制剂。这类药物被推荐给医生用以对症治疗抑郁症、广泛性焦虑症、强迫症、恐慌症、重度恐惧症、创伤后应激障碍和贪食症。此外，SSRI 类抗抑郁药也越来越多地被用于治疗经前综合征和缓解更年期症状。不过针对这两种情况，SSRI 类抗抑郁药是否必要或有效，仍存在一些争议。

80% ~ 90% 的血清素[1]产生于胃肠道，余下的则存在于血小板和中枢神经系统中。血清素有几大至关重要的作用，其中就包括作为神经递质，在神经细胞和大脑之间充当传递化学信息的信使。据信，情绪低落或持续焦虑的人虽然很可能产生了足够的血清素，但在尚未到达大脑之前，这种化学物质就很快被重新吸收了。因此，SSRI 类抗抑郁药的作用是阻止对血清素的“再摄取”，使大脑内的血清素水平维持最佳的平衡。

虽然 SSRI 类抗抑郁药是公认的治疗成人抑郁症的好方法，但对未满 18 岁的青少年的疗效尚不明确。2015 年，英国广播公司（BBC）对青少年展开了一项调查，受访的青少年因儿童和青少年心理健康服务机构（CAMHS）资金短缺，需服用抗抑郁药代替该机构提供的心理援助，结果效果相当糟糕。

---

[1] 即 5- 羟色胺。——译注

SSRI 类抗抑郁药有不同的品种，每一种都有不同的副作用。目前，英国有七种 SSRI 类抗抑郁处方药，其中一些有两三个商品名。见下：

西酞普兰（Cipramil）

达泊西汀（Priligy）

艾司西酞普兰（Cipralex）

氟西汀（Prozac 或 Oxactin）

氟伏沙明（Faverin）

帕罗西汀（Seroxat）

舍曲林（Lustral）

理论上，医生不仅会参考你的症状及其严重程度，还会结合诸如你的年龄之类的因素综合考虑，给你开具上述药物中的一种。前两周你应该接受医务监督，定期向医生汇报，然后他们才能评估你是否适合服用这种药，服用的剂量又是否恰当。但现实情况却往往并非如此（见本书“全科医生”一章）。

英国国家医疗服务体系的资料显示，SSRI 类抗抑郁药的副作用包括烦躁不安、发抖或焦虑、难受想吐、头晕、视力模糊、性欲低下、难以达到性高潮或难以保持勃起。所有这些副作用实际上也是我们想要治疗的心理疾病固有的症状，你可能会纳闷为什么还有人要服用这些药物。

答案是上述症状一般只会持续两到四周，如果你所服用的 SSRI 类抗抑郁药适合你，此后你就会开始好转。然而，在过渡期间，务必要接受专业人士或者朋友的监督，最好两者兼而有之。一些反对服用SSRI类抗抑郁药的文章称，服药初期患者将面临更大的自杀风险。虽然这些文章出自业内专家之手，但它们并不像国家医疗服务体系网站上的内容一样经过同行评审。不过，我还是相信这种说法的。

两年多以前，我束手无策地见证了“恐慌发作3：报仇雪恨”（这次真是来势汹汹）的场面后，我的全科医生（谢天谢地，他对心理健康很了解）先给我开了西酞普兰，并把我列入认知行为治疗（CBT）的候诊名单，一等就是六个月。我开始少量服用西酞普兰，而后逐渐加量，越服越发现这药不仅没有任何帮助，反而还使我的病情恶化了。我的医生建议我坚持服药，主要因为认知行为治疗的疗程被无可奈何地推迟了，我只得照做。一年后，我花了整整一个晚上躺在浴缸里幻想着该如何自杀。

每个人都会产生“如果我不存在就好了”或者“我只是想让一切都暂停片刻”这样的怪念头，但从起念发展到谋划具体的实施方案，我知道我这是正沿着自杀的道路前进。多亏我在这方面接受的训练让我意识到了这一点，否则下一步我就将确定时间和地点，最后一步就是拿我的生命开刀。

我无从知晓究竟是不是西酞普兰把我推到了自杀边缘。我只知道我的情况比刚开始服药时更严重了。第二天，我跟我的医生约了一个急诊，他建议我试试舍曲林。

倘若每听到一个焦虑症患者兴奋地大喊“天哪！我爱死舍曲林了！”我就能得到一英镑的话，我大概已经有钱买下近来相中的那双库尔特·盖特[1]的镶花短靴了。据我观察，这款 SSRI 类抗抑郁药似乎有什么特别之处，尤其适合焦虑症患者。

不过，刚开始服用舍曲林的两周，你的生活会在很大程度上离不开粪便——我指的就是真真切切的大便。舍曲林的副作用清单上明确警告你会引发“胃痉挛”，再大致浏览一下网上对比各种 SSRI 类抗抑郁药孰优孰劣的帖子，你势必会发现舍曲林是其中最容易引发腹泻的药物。服药的头两周结束时，我的屁眼感觉就像（可能看起来也像）一个嚼烂了的橘子。

最初服药的那一个多月，我还觉得非常疲惫。好在我是在假期里开始服用舍曲林的，不必奔波于全国的各个学校之间。我早上九点左右起床，出去散个步，工作两三个小时，然后就得小睡一会儿。那段日子，我不是睡就是拉，宛如一个巨婴。

我已经服用舍曲林一年多了，有时我在想我是不是应该停药，“靠自己”了。虽然大多数医生不建议服药一年就停药，想都别想，但 SSRI 类抗抑郁药并非可以长期服用的药物。理想情况下，它们应该只是你的“权宜之计”，维持你正常的生活能力，好让你抓紧时间改善自己的生活习惯和寻求治疗。另一方面，患有强迫症和抑郁症的记者兼社会活动家布莱妮·戈登，曾一语道出了很多人的心声，她说她后半生都想靠 SSRI 类抗抑郁药过活。

我不知道我的药物治疗最终将走向何方。但我能告诉你的是，找到适合我的 SSRI 类抗抑郁药提高了我的生活质量（尽管我的屁眼可能不

[1] Kurt Geiger，英国高端鞋类品牌，始创于 1963 年。——译注

同意）。那些传得天花乱坠的服药后的症状都不曾发生，什么会让我变得言听计从、思维模糊之类的。硬要说的话，我觉得自己变得更敏锐、更有动力了，因为我终于能够把精力从焦虑中释放出来，投入生活。

抗精神病药物

接下来，我们将涉足一个更加棘手的领域。你在网上看到的大部分骇人听闻的故事都和抗精神病药物有关，服药者称自己严重失眠，还会"抽搐"和"痉挛"，有时甚至在停药很久之后都还会出现类似情形。

然而，值得注意的是，许多情况下我们很难区分双相情感障碍、精神病和精神分裂症的症状，从而也难以区分调节这些疾病的药物，就像SSRI类抗抑郁药一样。抑郁和焦虑如果严重的话，也会产生类似双相情感障碍的症状。而在这种情况下，抗精神病药物可能并非最佳治疗方案。另一方面，双相情感障碍和精神分裂症的常见特征是所谓的马步思维（患者会根据一些缺乏证据或现实基础的假设，跳跃性地得出结论）和妄想。因此，要在尊重患者的意愿和尽量客观地为患者的健康着想之间取得平衡，是项很难拿捏的任务。

抗精神病药物的主要目的是终止令人痛苦的精神病症状，比如患者听到有个声音让他自我伤害。英国最常见的抗精神病处方药有：

奥氮平（Zyprexa）

喹硫平（Seroquel）

利培酮（Risperdal）

阿立哌唑（Abilify）

齐拉西酮（Geordon）

氯氮平（Clozaril）

此外，患有双相情感障碍或精神分裂症的人通常还会服用锂剂。锂剂有助于减少躁狂发作（躁狂与抑郁相对，指无缘无故涌起的兴奋感和无敌感，促使患者做出不计后果的冒险之举），从而调节患者的情绪。科学家尚未完全弄清锂剂起作用的原理，但他们认为锂剂能加强神经细胞和控制思维与行为的大脑区域之间的联系。

一如 SSRI 类抗抑郁药，锂剂和抗精神病药物也需要数周时间才能进入神经系统开始起效，而且也不应该长期服用。它们也有潜在的副作用，包括颤抖、加剧口渴、呕吐、增重、影响记忆力和注意力、嗜睡、肌肉无力、脱发、引发皮肤问题和甲状腺功能下降，造成机体能量水平极度低下。

我从精神病早期干预小组的专业人士那儿了解到，他们一致认为，对出现幻觉的患者给予适当的早期支持，即便不能完全消除，也能显著减少患者的用药需求。虽然短期来看这样做成本较高，但接受这种治疗方法的精神病患者更有可能重新融入社会，找到一份工作。也就是说，从长期来看，这套方法的成本要低得多。

早期干预小组与精神病患者打过多年交道，然而自 2010 年英国采取严厉的财政紧缩措施以来，心理健康服务被大幅削减，早期干预小组已变得越来越稀少。他们采用谈话治疗和外延护理计划相结合的方式，让患者的亲友了解患者的病情。一位患者的母亲曾表示，在找到早期干预小组之前，她的儿子只拿到了“一袋药”，就被“打发回家”了，没有任何后续治疗的指导。

我研究治疗精神病的药物得出的结论是，理想情况下，一个人不会严重到必须接受药物治疗的地步。精神病可以通过改变生活方式和支持性治疗来控制。

不过，对于双相情感障碍和循环性情感症（双相情感障碍的妹妹）的其他症状，可能需要服用情绪稳定剂。在必须用药的情况下，也不应该单靠吃药这一种治疗手段，服药期间还应当接受谨慎而富有同理心的医务监督。

为什么会反对服药?

2017 年 9 月，BBC 的一份报告显示，英国每年都因滥开抗抑郁药而损失 7000 万英镑。一位专家在纪录片《亿万交易：如何改变你的世界》中称，抗抑郁处方药对大约 5% 的患者来说是必要的，对大约 25% 的患者来说有百害而无一利。

英国面临的问题在于资源和时间。理想情况下，所有心理健康问题都可以通过情感支持和改变生活习惯这样相辅相成的方式，迅速得到解决。然而，心理治疗、家庭和社区干预成本高且耗时久，使得这套方案无法在缺乏资金支持的地方施行。开抗抑郁药要简单得多，也便宜得多。

理论上，抗抑郁药是为短期服用设计的，同时还需采取其他支持措施。但现实生活中却往往并非如此。患者无限期地服药，很大程度上是因为认知行为治疗和谈话治疗的候诊时间过长（一位需要接受治疗的患者昨天在推特上跟我说，他的那份候诊名单已排到了 72 周之后）。此外，这些治疗服务本身也还存在一些系统性的问题，使得患者难以参与其中，详情我将在“治疗”一章中另行探讨。

在英国，药品是国家医疗服务体系的第二大支出项（仅次于人工费），但至少仍有一定监管。美国的情况则截然不同。随着医疗保健的私有化，制药公司会有意怂恿人们疑心自己有病，从而销售他们的药品。因此，那些承受着压力、痛苦、正常焦虑、丧亲之痛和失恋之苦的人，也往往会接受药物治疗。这实际上是在鼓励美国公民靠服药来应对生活。

《纽约时报》记者伊森·沃特斯在他的著作《像我们一样疯狂》中，讲述了美国是怎样成功将他们对心理疾病的定义输出到世界各地，从而反过来扩大美国制药业的国际市场的。从传统上看，不同的文化探讨和处理心理健康问题的方式各不相同。譬如，在日本，“抑郁症”一词过去仅指那些有自杀倾向的人，治疗手段通常都包括入院治疗。沃特斯讲述了葛兰素史克制药公司在 2000 年是如何展开一场经过精心调研的营销攻势，旨在向日本这个对西方所定义的抑郁症一无所知的国家推销 SSRI 类抗抑郁药的。

这事儿可以两说。一方面，你可以说葛兰素史克公司注意到了那些自以为病得不重、无须在意的日本人的痛苦，并献上了一个绝妙的解决方案；另一方面，你可以说他们推销的是一种疾病及其治疗方案。他们潜移默化地说服了数百万日本人，相信自己患有临床上的抑郁症。而实际上，这些人只是对日常生活中的压力产生了合理、正常、属于人之常情的反应。

这让我联想到了反对用药治疗心理健康问题的最大理由：它为社会不公提供了借口和支持。布莱克浦是英国人均抗抑郁药服用量最大的地方，同时也是社会贫困度最高的地区。批评者认为，若一个人因为失业、挣扎在贫困线上、遭受虐待或歧视而出现抑郁症状，抗抑郁药只会让他们对社会环境所带来的必然结果感到麻木而已。

我基本同意这个观点。不过，我也能理解很多在社会高度贫困地区工作的全科医生的看法。譬如，他们说，长期失业给患者造成了极其严重的影响，如果他们想要找到一份工作，从根源上解决问题，就必须服用抗抑郁药。

归根结底，争论的分歧在于药物治疗对个体产生的疗效与对我们所处社会造成的影响孰轻孰重。我坚决认为，引发争议的这些环境和社会经济因素必须尽快得到解决。在此期间，我们中的很多人可能仍需要短期服药来防止自己完全丧失心智。

服用处方药的新手指南

服药没什么见不得人的，也没人有资格对你在治疗过程中做出的选择指手画脚。

如果你决定服用处方药，以下是需要注意的主要事项：

- 你的全科医生（可能）会非常草率地给你开抗抑郁药，电脑系统推荐哪个牌子就给你开哪个牌子。听从他们的建议，但不必奉为圭臬。
- 所有治疗心理疾病的处方药都需要一段时间，才能进入神经系统发挥效用——一般是两到四周，要有耐心。
- 过渡期间，你的症状可能加重。所以有必要让你的亲友和老板知道，你可能会需要一段时间调整，在此期间或许需要额外的支持。
- 经过一段时间的正规试药后，如果你认为你服用的这种药没有效果，不要害怕，请医生给你换一种试试（根据我的经验，服药三至四个月后你应该就会清楚有没有疗效）。
- 记下你每天心理和生理上的感受与症状。如此一来，如果你确实需要换一种药，你的医生就有更多可以参考的信息，从而开给你合适的药品和剂量。
- 别把服药视作唯一或长期的治疗手段。你需要转变生活方式，解决你痛苦的根源。采用药物治疗的深意是帮你实现机体的化学平衡，好让你有机会彻底解决问题。

- 大多数医生建议至少坚持服药一年，再考虑停药。绝对不要擅自停药，哪怕你觉得自己完全好了。在“戒断”的过程中，你也需要身边人的支持，就像刚开始服药时那样。如果你怀孕了，则更需要额外的医务监督，并在停药时接受心理咨询。
- 如果你的医生建议你服药，却解释得不够清楚或者你想了解更多用药信息，可以登录 www.headmeds.org.uk. 试试。这个网站由“年轻心灵”[1]慈善机构设计，他们的案例研究对象都在 25 岁以下，但提供的建议适用于任何年龄段。

[1] Young Minds，英国的一个慈善机构，专为保护儿童和年轻人的心理健康而设立。——译注

内啡肽

Endorphins

内啡肽使人快乐

二十几岁时，我与运动的关系可以说是水火不容。虽然我走了不少路，但主要是因为穷，又不得不外出。我缺乏正经的运动习惯，至少有一部分原因是当时年轻气盛——想当然地认为自己可以永葆青春，可以随心所欲地糟蹋自己的身体，不计后果。时至今日我发现还有个原因是，我总觉得与运动健身文化格格不入。

早在被人遗忘已久的前照片墙时代，以图片为主的社交媒体还远不似今天这般兴盛，我就已然认为休闲运动并不适合“像我这样的人”。每当我一时兴起想要探索一下刺激的运动世界，总是很快就受不了那些健身者一副神气活现、自以为是的样子。

毫无疑问，如今科技的发展使得这个问题更变本加厉。特别是像照片墙所采用的关键词敏感算法，可以根据我感兴趣的内容为我量身定制地推送赞助商的广告。这种算法似乎认为只要我谈论过身体意象，就会乐意看到无数体脂率仅为 2% 的腹肌照。这些图片通常还都配有文字，激励之情溢于言表，但起码对我来说，这种做法只会激怒我。什么“快速减掉两英石[1]的奇招”“没有付出就没有收获”，还有我个人最讨厌的一句“吃什么也不如瘦有滋味”。

顺带一提，第一个说出“吃什么也不如瘦有滋味”这种话的人，显然从未在南多斯[2]敞开肚子吃过满满一份烤鸡拼盘，或是盐焗花生，或是黑弹奶酪，或是海盐焦糖味的哈根达斯，或是从温热的肉食上舔掉喷涌而出的百利甜味奶油。在我人生又饿又瘦的那些阶段，我可以打包票，所有这些东西尝起来全都比瘦更有滋味。

如果你也像我一样，看到有人更新状态说“刚刚跑完早上的十公里，准备喝一杯羽衣甘蓝冰沙！（笑脸）”就来气的话，那么请记住：运动不一定要占据你的生活，改变你的个性。这是完全可以把控的事，不必摇身变成一个惹人生厌的白痴。不幸的是，我近乎经历了一次濒死体验才好不容易意识到这一点，但你可以不费吹灰之力地汲取我来之不易的智慧结晶。

2014 年，我新搬进的公寓楼下面是一家健身房。我认为这是一个预兆。一天，我想：“既然命运把我带到了这里，不如就去跑步机上试一试吧。”我跟自己保证，如果不喜欢，就再不去了。结果我果然不喜欢，并且当场缴了械，整个过程大约只用了四分钟。然而这时，我却注意到了一种奇特的兴奋感。我浑身焕发出一种说不清道不明的活力，仿佛是天外飞来的一般。现在我知道那是拜内啡肽所赐，美妙得几乎让人欲罢不能。

[1] 英制质量单位，1 英石等于 14 磅，约 6.35 公斤。——译注

[2] Nandos，英国著名的烤鸡连锁餐厅。——译注

如今，我每周至少跑一次步，有时间的话就跑两次，再辅以一些轻负荷的阻力训练。跑步竟然成了我的“菜”，没人比我更惊讶了。倒不是说我在这方面有什么特殊天赋。我跑得既不快，也不远。我只是觉得跑步很愉快，还能提高生活质量。顺带一提，如果你和我一样是个完美主义者的话，参加一项说得好听点就是你不擅长的活动，其实是份有益心理健康的礼物。完美主义者会回避那些他们自认不在行的事，从而错失很多创意、乐趣和消遣。跑步归来后，我的内啡肽储备又重新回满了，我现在知道这对我的身心都有好处。

我们通常认为内啡肽是种能让人快乐的化学物质。内啡肽的释放是为了在明显有益健康的活动中传递快乐的信号，比如运动、大笑、与合适的伴侣做爱或其他创造性活动。但内啡肽也会在一些具有潜在自毁倾向的行为中释放出来，比如大量吃糖、与不合适的伴侣做爱或是自残之类的典型自我伤害行为（见本书“只为寻求关注”一章）。

内啡肽产生于中枢神经系统（大脑、脊髓等）和脑垂体之中，其名称出自两个单词的组合：一是“endogenous”，源自内在之意；二是“morphine”（吗啡）。没错，运动的快感本质上与吸食海洛因并无二致，这就是为什么有的人会运动成瘾。

除了能引发令人头晕目眩、欣喜若狂的极致快感外，内啡肽的另一个主要功能是抑制疼痛（通常所说的“镇痛效应”）。顺带一提，这就是人类嗜辣的原因。辣椒会灼伤我们舌头上高度敏感的味蕾，诱发疼痛。但内啡肽会前来救场，帮我们缓解不适，所以到最后我们总会觉得咖喱很好吃。你们那儿的印度餐厅，可不会在菜单上告诉你这些事。

内啡肽在减轻压力与缓解抑郁方面也有一定作用，这就是为什么一说到心理健康总少不了它。内啡肽似乎还能减轻心理痛苦，这主要是因为当你沉浸在一种能大量产生内啡肽的活动中时，譬如大笑或创作，你的身体系统同时也会释放皮质醇和肾上腺素（见本书“焦虑”一章）。世界卫生组织表示，运动可以像药物和心理治疗一样，有效地治疗轻中度抑郁症。

2017 年 9 月，我有幸采访到了刚刚当选全球年度最佳教师（并获得 100 万美元奖金）的玛吉·麦克唐奈。玛吉在新斯科舍[1]长大，那里让她对殖民造成的心理影响产生了兴趣。她曾在撒哈拉以南的非洲地区工作过一段时间，之后搬去加拿大最北部定居。当地位于北极圈内，是加拿大土著因纽特人的聚居地。

玛吉在索律依特当体育老师，当地充满了由残酷的殖民进程所引发的社会问题。年轻人服用娱乐性毒品的情况非常普遍，青少年的自杀率也高得吓人，尤其是那些小男生。由于气候原因，当地外来人口的流动率也相当高：外来的老师平均在岗半年左右就会离开。

我写作本书时，玛吉已经在索律依特教了七年书了。她降低了学生的自杀率，减少了他们对毒品的依赖，并说服很多当地的小女生来学校上课——所有这些基本都仰仗体育活动的力量。她开设了跑步和皮划艇社团，还建立了一个活动中心，让学生们可以聚在这里打打篮球之类的。她靠运动营造了一个相互支持的社群，表明不是每个人都依靠言语来表达自我。哪怕他们真有话要说，可能也会感激团体运动带来的消遣

---

[1] Nova Scotia，加拿大东南部省份，是最早的欧洲移民登陆点，也是历史上英法殖民者利益争夺的焦点地区。——译注

娱乐和亲密感。

几年前，我刚刚给六年级的学生上完一堂课，一个男生就找到我，开门见山地说，他打算自杀。我接受过心理健康急救培训，遵循恰当的防范措施，我确定他尚未计划好具体的自杀方案。因此，我知道他还没有踏入岌岌可危的“危险地带”。

我们谈到了他为什么会有这种念头。原来是因为他所在的橄榄球俱乐部关闭了。地方政府在关闭体育俱乐部或出售学校操场时，往往不会考虑可能造成的深远影响。对这个小男孩来说，橄榄球俱乐部是他的归属所在，在那里他得到了支持和理解。而最关键的一点可能在于，他可以在球场上用一种可控的方式，宣泄他对生活中其他事的愤怒。

我有责任向校方报告高危学生的情况，而后副校长和校医院的护士立刻为他制定了一套护理方案，包括给他另找一个稍远一点的橄榄球俱乐部，并每周开车接送他往返。

玛吉在加拿大北部所做的工作和失去橄榄球俱乐部对这个男孩的影响，都证明了运动（和伟大的老师）拥有对抗轻微或严重心理健康问题的巨大力量，对此我们有目共睹。

我认为体育、艺术、音乐和其他创造性活动之所以如此有益，既能打下良好的心理健康基础，又对心理疾病有一定的治疗价值，其中一个原因在于它们能把我们和我们本应该过的那种生活联系起来。早期的人类平均每天要花七个小时狩猎和采集，付出大量的体力劳动。然后他们会返回自己的部落，在那儿搞搞音乐创作、相互讲讲故事。要是电视上的考古节目可信的话，他们还会画一画最原始的牦牛壁画。

正如我在“焦虑”一章中所言，现代的生活方式与我们原本应该过的那种生活相去甚远。这也许可以解释为什么网飞的纪录片《幸福》(详见本书“幸福”一章)发现纳米比亚的一个部落是世界上最快乐的人群，他们的生活方式与上述生活大致相当，丝毫没有受到所谓的“文明开化”的影响。

催生内啡肽的新手指南

无论你的心理健康状况如何，是想寻找潜在的解压方式以保持良好的心理健康状态，抑或正在制定心理疾病康复方案，都离不开内啡肽。

如果你不幸凝望过抑郁症那荒凉而无情的深渊，我大致可以猜到你对我方才提及的部分观点的反应。你在想：“抑郁的时候，早上连床都爬不起来，更别说从头到脚穿一身紧身衣去公园做瑜伽了，你这浑蛋真是站着说话不腰疼。”我完全理解这种反应。

抑郁和焦虑在心理上往往携手并存，我太了解那种连最基本、最简单的事都无法完成的感觉了。我发现这种时候为了能让自己尽量正常生活，最有效的办法是把手头的事分解成更小、更容易实现的步骤。我会和自己讨价还价，先把脚放到地板上，再站起来。然后去泡杯茶，因为没有什么事是一杯茶解决不了的，哪怕是解决个 1%。洗个热水澡也异曲同工（我一生中经历过各式各样相当严重的身心疾病，我的收获是只要有头清爽的秀发，似乎就没什么过不去的）。

有时，我只能勉强走一小段路，无论如何也不能像样地跑个步。我的焦虑症最严重的时候，才沿着人行道走了 100 码，我就无法忍受刺眼的阳光、噪声和熙攘的人群，不得不转身回家避难。但起码我回去时比我刚起床时更清醒了，穿着也更讲究了。不管多么短暂，我好歹确实出了门了。正如一位睿智的心理咨询师曾对我说过的那样："所有积极行动，不论多么渺小，都是一种胜利。"

在此，我还想特别说一说，笑也可以催生内啡肽，也具有治疗作用。如果体育运动真不是一个可行的选择，那么你笨手笨脚地一番摸索，也可能是你获救的第一步。我相信自嘲和嘲笑生活中固有的荒谬的能力，可以成为康复过程中宝贵的催化剂。俗话说"笑是最好的良药"，不无道理。

此外，有办法嘲笑你的心理疾病，表明你已在它和你珍贵的真实人格之间拉开了一段距离。换言之，有一缕微光已穿透了黑暗。熬过了生理或心理上最糟糕的日子后，第一次笑出来的那一刻对我总是意义非凡。它表明，我在某种程度上仍是原来的我。

食物

Food

本章分为两个部分。经证实，营养对个体的心理健康有很大的影响。虽然有关这方面的部分研究尚处于起步阶段，但得出的成果却相当惊人。因此，我请教了业内专家，分享了一些有益心理健康的饮食秘诀。

此外，我还将谈谈饮食失调，包括传统临床意义上的饮食失调症和其他五花八门的饮食关系失调的情况。我会先讲这个部分，因为我希望你看完本章后能感到乐观坚定，而积极的营养建议更有可能达到这个效果。

一如之前所言，我的饮食失调史相当丰富。虽然我很乐意探讨害得我长期饮食异常的深层焦虑，但要开口讲述我得过的各种饮食失调症却并不容易。其一是因为我不太清楚究竟是什么促使我做出了那些行为，其二是我担心我的叙述会沦为毫无用处的陈词滥调，最后我得惭愧地承认，还有部分原因是我至今仍觉得这些事羞于启齿。我本受过良好的教育，不知怎的竟在厕所里埋头吐了七年。我生命中相当重要的一部分时间，几乎都花在了呕吐、拉稀、呕胆汁和暴殄天物地浪费潜能上。

在这一节里，我会尽可能地避免写一些可以当作“教程”来看的东西。厌食症尤其可能让人产生一种反常的竞争心理，我不希望引起任何模仿行为。此外，饮食失调症是种心理疾病，但人们往往倾向于关注它的生理表现，忘记了它的本质。

在进入正题之前，我要声明我无法代表每个正在与饮食失调症作斗争或经历过饮食失调的人。一个人与食物、运动和自己的身体认知之间可以形成千千万万种糟糕的关系，这些行为的背后还可能有千千万万个独一无二的理由。不过我认为让你大致了解一下一个先患了厌食症、再患了强迫性进食障碍、最后患上贪食症的人的心理历程，还是很有帮助的。下面就言归正传吧。

我与食物关系失调的简史

14 岁那年，我的数学老师是位可爱的老太太，长着一张和蔼可亲的圆脸，名叫伍利夫人。她跟我说，我要升入快班了。她说这学期我的数学有很大的进步。我看得出来她很高兴，但我似乎无法领会她的话，无法把它与我内心的情感联系起来。我们之间仿佛有一堵无形的墙，什么也看不清。我感觉不到应有的快乐，一无所感（除了冷）。

我展现出新的数学才能是有原因的，我每天无时无刻不在心算。我不断地计算卡路里，计算要消耗掉我所吃下去的东西需要多少体力活动，计算为了弥补今天的“放任”，明天必须要限制多少卡路里摄入。我不相信自己算准了结果，然而对我来说又务必要保证计算结果百分百准确。所以，一旦我完成了对每日摄入和消耗的热量的估算，就会从头开始验算。如此日复一日，没完没了。虽然枯燥透顶，但我似乎就是停不下来。我的大脑就像台滚筒式烘干机，一遍又一遍地旋转着这些数字，直到我精疲力竭，实在算不动了。然后，我就上床躺几个小时，听着我的肚子咕噜作响地抗议，一面累得无法思考，一面却又饿得无法入睡。

虽然我的数学成绩因此而受益，但其他学科的成绩都一落千丈。我无法集中精力，喜怒无常，在课堂上说些冷嘲热讽的话，搞得我的年级组长错愕不已。她拖我去面谈，问我为什么要这么做，说这太不像我了。我跟她说是因为我开始来例假了，荷尔蒙作祟。这是谎话。我同年级的其他女生都“来了”，但我自己的性成熟还没顾得上我。

我似乎无法抓住和锁定自己的想法，脑袋里好像装满了棉絮。我只是努力地活过每一天——是活着，不是生活。每天晚上，一旦我断断续续地进入似睡非睡的状态时，就会梦到食物。我在自己的潜意识里，尽情地享用被禁止的食物。我惊慌失措地醒来，大汗淋漓，而后又长舒一口气。我没有屈服。我把手伸进羽绒被里，摸摸自己身上那些让我安心的骨头，它们告诉我，我还控制得住自己。

一天，我手里攥着一枚十便士的硬币，在门廊里排队等着用付费电话。戏剧老师麦克里尔夫人刚告诉我们今晚要排练，我得跟我妈说一声。我们今年要在学校里上演《国王与我》，我没分到什么重要的角色。我混在合唱队里，扮演一个无名的“暹罗姑娘”。我这样的人演不了主角，演员掌控全场，我只能据守自己的大脑。

露西是个高挑自信的女孩，身材和我差不多，一头浓密的卷发光彩照人，脸上有少许雀斑，气质不俗。她刚打完电话，转身顺着队列往回走，仿佛在检阅我们。我们都有点怕她，我不由缩了缩身子。她突然毫无预兆地用手指着我，颐指气使地喊道："娜塔莎，你给我长胖点成吗？" 她可没安好心。我看得出来她觉得我是想"出风头"，我在心里怒吼着"去你妈的"。

然而几个月后的一天，我却开始大吃特吃。我和父母一道去参加一个烧烤会——好像是什么援助派对（当时我已没有心力去注意这些细枝末节了）。我妈一个朋友的女儿也在那儿。她比我小一岁，正和她学校里的同学聚在一处。她看起来就像用软件精修过一样，美得犹如一个传说。

妈妈们把我们推到一起，硬让我们一起玩，好像我们仍只有五岁似的。她从头到脚仔仔细细地把我扫视了一遍，那眼神我称之为"埃塞克斯式[1]的打量"。而后她一言不发，转身又去找她学校里的那些朋友了。他们立刻兴奋起来，她显然是这帮人的主心骨。她回身朝我看来，他们在谈论我。我一声不响地溜开去找大人们了。

我父母生意上的一群熟人正说到我妈朋友的女儿，他们说的话我虽不全懂，但也知道那些话并不合适。他们已经 40 多岁了，她才 14 岁。他们显然喝醉了，一个个手里攥着渗着水汽的冰啤酒，抵在他们凸出的肚腩上。说话时，口水几乎都要流出来了。带头口不择言的那

[1] 埃塞克斯是英国东南部的一个郡。作者是当地人。当地有个很著名的地域性标签——埃塞克斯姑娘（Essex girl），意指埃塞克斯的女性多体秀貌美而肤浅放荡。文中所说的"埃塞克斯式的打量"，便是带着这种审美标准看待女性。20 世纪八九十年代，"埃塞克斯姑娘"一词开始在英国全境流行起来，成了一个对女性的刻板印象，带有地域性和性意味。2016 年，英国女性曾发起废除该词条的反歧视活动。——译注

人注意到了我的存在，他望向我，苍白而颤抖的脸颊上挂着一丝微笑。他的嘴角在笑，眼底却没有丝毫笑意。他也给了我一个“埃塞克斯式的打量”。我内心深处警铃大作。我知道那饶有兴致的眼神是什么意思。我跑到自助餐台前，开始拼命往嘴里塞食物。此后两年，我一直没能停下来。

17 岁那年，我最好的朋友卡兹来我家玩。这是我俩各自远走他乡去上大学之前的最后一面——我要去阿伯里斯特威斯，她要去爱丁堡。我俩坐在卧室的地板上，无缘无故地狂笑，这正是我们合得来的地方。

我突然感到再不吃点东西，就会根本无法集中精力了。如今我大概每半个小时就会产生一次这种感觉。我问她要不要在回去的路上一起去吃点炸鱼薯条。薯条店离我家有 20 分钟路程，我顶着酷暑备受煎熬。我那条又黑又厚的喇叭裤太难受了，害得我汗流不止，不断让卡兹走慢点等等我。

我吃起东西来狼吞虎咽，面无表情地把沾满油脂的土豆和面糊用叉子塞进嘴里。我无法腾出注意力来听卡兹说话，但会在我觉得适当的时候差不离地应个声。我们吃完后，我回到了凉爽的卧室，拉上窗帘，去了厕所。

自记事起，我每天都会在那里重复数次同样的仪式。我撩起上衣，踮着脚尖，对着镜子看自己的肚子。我的肚子今天怎么样了？它究竟是变平了还是变凸了，左右着我的心情。我的生活基本上全围绕着我的小腹在转。在我的想象中，我能看见自己刚刚吃下去的食物正堆在我的肚子里。不知怎的，我突然有种冲动要把它们取出来。它们让我觉得污浊、沉重和不洁。我对着马桶，弯下了身子。

22 岁那年，我正等着我的学位证书寄来。我在读书的间隙接了一些模特的工作。我总算达到了人人都向往的美丽标准。其他女性会在街上拦住我，问我是如何保持身材的。真相我说不出口，所以我就说是“练瑜伽”。我注意到我说话时，有几个人因为我喷出的气息微微后退了一步。我的五脏六腑已经开始腐烂了。

我在和一个著名的音乐人交往。周末，他会开着奥迪 TT 来接我，带我流连伦敦的各大夜店。我只需打扮得漂漂亮亮，挽着他的手臂就好。我从不开口说话，只一个劲儿地喝下推到我跟前来的香槟。玩得差不多了，他就会把我安置在一家便宜的酒店，然后赶赴下一个派对。要是我“走运”的话，他会在凌晨回来和我上床。不过通常我都是独自醒来，不得不弄清自己身在何处，该如何回家。

一切似乎都事与愿违。根据“埃塞克斯”在我心中刻下的标准，我已经实现了我想要的一切。我看起来“很正点”。在外人眼中，我的生活似乎多少还有些迷人。但我却空虚至极，甚至记不起上次体会到真情实感是在什么时候。

我父母几个从乡下来的朋友都聚在我家的厨房里，我则一直在大门口等邮递员。漫长的等待之后，我终于听到门前的小路上传来了脚步声。打开信箱，一封盖有威尔士大学官方邮戳的信函飘落到地垫上。我浑身颤抖。我们大学的学分系统是累进制，所以第三学年[1]的分数比大一刚进校的分数更重要。这个制度的本意是为鼓励进步，但对我

[1] 英国本科普通学位一般念三年。——译注

来说，这意味着我可以在考前的几个晚上通过临时抱佛脚，来挽救我三年来的呕吐和烂醉。

我撕开信封。我合格了，不仅如此，还是优秀。我默默感谢自己在时间紧迫的情况下记性还不错，但内心深处我很清楚这并不等于聪明。我走进厨房告诉大家这个好消息，我父母的朋友转过来对我说：“噢，娜塔莎，你一定很自豪吧！你实在太瘦了！”

我恨她，恨我们身处的世界。最重要的是，我恨我自己。

时至今日，我 36 岁了。我寻到了女权主义，每天用它来提醒自己，我的价值并不取决于我的外表和性吸引力。我必须经常这样做，因为无论我走到哪儿，似乎都被截然相反的图像和信息轰炸。体格上，我又回到了小时候的样子——异常之高，身强体壮，体重中等偏胖。这就是我与生俱来的样子。我尽量吃得营养，但偶尔也会被大量相互矛盾的信息弄糊涂。有时，我发现自己在需要安慰时，仍会伸手摸摸自己的锁骨或髋骨。我知道这样不对。吃下那些只为享受口腹之欲而不为果腹的食物，我仍会觉得愧疚。我知道这也不对。

我遭遇过性侵犯，至今仍觉得难以启齿。现在我知道这段经历妨碍了我欣赏和赞美自己的身体。有时，我对我的生理自我很自信，觉得自己看起来美极了。还有些时候，我疯狂审视自己的“缺陷”，商店里的每一扇橱窗都让我心烦意乱。如果我一整天都不曾因食物或外表产生过一丝一毫的内心冲突，在我看来，就是个巨大的胜利。我所知道的真相与我内心的感受总是有所龃龉。

尽管我如今的这些情况仍有很多不自然的地方，但我依旧认为自己已经从饮食失调中康复了。个中原因可能令人不悦，但经验告诉我，按照21世纪的标准，我现在已经“正常”了。与食物相关的罪恶感和羞耻感、时常闪现的对身体形态的自我憎恶，乃至性侵，这一切都是2017年女性生活中稀松平常的一部分。这是我决心要改变之处。

饮食失调症

我无意列出不同的饮食失调症在临床上的各类诊断标准。这些信息随处可见，要是你想找个可靠的分类细则，我推荐林恩·克里利的《饮食失调症的希望》，书中有张内容翔实且经过充分调查的列表。在此，我想探讨的是那些广为流传的关于这类疾病的谣言。

从我之前的自述中不难看出，我的问题（实际上绝大多数人的问题都是如此）其实与食物或体形无关。准确说来，我是在用挨饿、暴饮暴食和催吐来表达我的痛苦，这种方式与自我伤害有很多相似之处（见本书“只为寻求关注”一章）。

虽然我说饮食失调是21世纪“正常”女性的通病，但它并非女性专属（见本书“X染色体”一章）。统计数据显示饮食失调只是在女性中更常见而已，但直到不久前，全科医生普遍采用的饮食失调行为检查表仍是针对女性设计的。譬如以前只有出现闭经的情况，才可能被诊断为厌食症，使得男性在医学层面上根本不可能患上这种病。而且你还会发现，当男性吐露自己的心声时，他们得到的同情要少得多，这可能导致他们更不愿开口，宁愿默默忍受痛苦。

我给成人上课时，问他们什么是厌食症，经常听到有人回答："就是有些人体重很轻，但对镜自照却始终看到一个胖子。"这前后两句都是错的。厌食症是种因心理或情感原因而引发的疾病，其主要特征是固执且严格地控制饮食和运动。

虽说患者显然很可能体重骤降，但未必骨瘦如柴。根据我的经验，相比参考患者目前有多苗条，观察患者在多长时间内掉了多少体重才是更可靠的病理指征。同时还要注意凡事总有例外——有些人天生就很瘦，但他们的心理和生活习惯都很健康。还有一些人新陈代谢缓慢，内心极度痛苦，将自己的食物摄入量限制在极低的危险水平，但外表看上去却很"健康"。

此外，以为厌食症患者自认"很胖"也是错误的观念。我参观康复中心时，遇到的许多人都很清楚自己有多瘦，他们只是觉得自己还不够瘦。要不然他们就担心倘若自己"失控"了，吃了些不该吃的东西，违背了自己制定的饮食铁则，他们将一发不可收拾，开始变胖。这并非杞人忧天，因为长时间的饥饿确实会引发对食物的痴迷和想要暴饮暴食的欲望——这是身体对卡路里摄入不足的一种补偿方式。我有个同事专门辅导学习困难的青少年，他说的一席话很有道理："当厌食症患者说他们不能吃东西，一吃就会'变胖'时，我们不应该回答'不，你不会'，而应该反问'那又怎样？'，肥胖并非穷途末路。"

我不喜欢人们经常将厌食症与贪食症混为一谈。亲身经历过这两种病症后，我可以肯定地说，它们的性质完全不同——尽管患者经常从其中一种情况发展成另一种情况。厌食症与强迫症最为相似（见本书"焦虑”一章），因为它也围绕着强迫性思维和代偿行为。贪食症则更像是染上了毒瘾或酒瘾（见本书“大麻”一章）。贪食症是种由低自尊引发的疾病，诱使患者采取行动转移注意力、自病自医和自我放纵，造成内疚感和羞耻感，最终又反过来助长了低自尊，再度陷入这一可怕的恶性循环。

患有贪食症的人多半不会很瘦。这种病刚开始时会导致体重减轻，但主要是脱水所致。我们的身体很善于适应环境随机应变，贪食症患者的内脏在进食后很快就能储存大量卡路里，因为它们知道紧接着就会被催吐。英国最大的饮食失调症慈善机构比特（Beat）表示，大多数贪食症患者要么体质指数“正常”，要么略微偏重。这一点在过去很成问题，因为全科医生若怀疑病人患有饮食失调症，第一反应往往是给病人称重。

每当有人把肥胖等同于饮食失调或是在说到饮食失调时只字不提肥胖，我就气不打一处来。出于某些不便深究的原因（因为它会让我们见识到人性中一些令人难以接受的东西），人们看到一个很瘦的人会心生同情，而一个超级大胖子只会引发相反的情绪。一些人无法理解那种既不为解馋也不为果腹，只是不情不愿地往肠胃里填塞大量工业化食物的行为。这种行为本不合逻辑，因此十之八九是由某种情绪上的不适所致。我们常常以为贪婪和缺乏所谓的意志力就是唯一的诱因。

我在工作中接触到的青少年，不知怎的都认为不论他们的身体好不好看，热爱自己的身体都很“危险”。因为如此一来，他们势必会瘫在沙发上吞下大量脂肪。我不得不跟他们解释说，自爱的人更可能照顾好自己的身体，一如爱车之人绝对会给车用上好的燃料。

我现在明白了，我过去的严重超重其实是种防御机制。我想用厚厚的脂肪把自己保护起来，将“真正”的自我藏匿起来。如今，我之所以略微有些偏胖，是因我与生俱来的基因和这几年反反复复的病情严重破坏了我的新陈代谢（借用艾迪·伊扎德[1]一言，“只是看到一片生菜”就足以令我崩溃了）。

当然，我并不是说所有超重的人都患有饮食失调症，否则也太蠢了。人类，特别是女性，生来就体态多样、胖瘦不一，无论身材如何都可能相当健康。毕竟，健康是一种生活方式，不是一种外表。

不过，有一个学派认为现代社会人人都患有饮食失调症，或者至少有某种进食障碍。几年前，我听了苏茜·奥巴赫在议会所做的演讲，她的著作《肥胖是女权问题》极具开创性（在我看来她就是货真价实的没穿斗篷的英雄）。她在演讲中说，30 年前，她刚开始做心理治疗师时，如果有人走进她的办公室说要彻底断食，她会当即宣布他患有严重的饮食失调症，必须接受治疗。而如今，这是油管和照片墙上无数提倡“清洁饮食”的大师（顺带一提，这些人并没有营养学方面的资质）都在鼓吹的减肥方法。

结果又催生了“健康食品强迫症”的出现，这个术语是被媒体普及开来的，指的是自相矛盾地对“健康”饮食抱有不健康的痴迷。健康食品强迫症与厌食症息息相关。过去的厌食症患者会突然开始提倡素食主义，并非出于什么正经的政治或道德立场，而是为找个冠冕堂

[1] Eddie Izzard，英国著名喜剧演员，曾获金卫星奖，代表作有《富贵浮云》《每一天》等。——译注

皇的借口不再摄入某些食物。现代社会对“清洁饮食”和“无麸质饮食”[1]的广泛接受，也让早期的厌食症患者更容易将自己的限食行为正常化，藏叶于林。

健康饮食的新手指南

经过十多年的病痛挣扎和十多年来针对这一领域的研究学习，我得出了一个关键结论：任何将食物视作“敌人”的观念都不健康。凡事适度就好。多关注食物所带来的好处，别一味地拒绝食用一切含有脂肪、糖分、碳水化合物、“毒素”或者调味品的东西，对个人和社会都将大有裨益。饮食的目标应该是补充营养，不是自我惩罚。这是种微妙的态度转变：致力于赞美食物，而非妖魔化食物。

基于这一宗旨，我不会在这一节里告诉你不要摄入糖、咖啡因或酒。如果你有心理健康问题，这种话可能早就听得耳朵都起茧子了。不过，我还是要借此机会简要宣传一下，避免食用那些你可能稍微有些过敏的食物的好处。

雷切尔·艾布拉姆斯博士专门研究康复食疗，她谈到了炎症会给心理造成负面影响。简要说来，它们会让你变得易怒和焦虑，因为它们确

[1] 除非你真的患有乳糜泻，对麸质严重过敏，否则只能执行这种饮食方法。

实……呃……会由内而外地刺激你。对此我可以做证，我发现自己有轻微的乳糖不耐症，因为我喝完一大杯拿铁后会有种“发痒”的感觉，紧接着就恨不得让所有人都滚蛋，离我远点。我转而选用大豆和燕麦一类的替代品，不过在实际生活中相当灵活变通（要是你给我奶酪，我就咬掉你的手代替）。

以下是最前沿的研究发现的一些有助于心理健康的营养素：

维生素 B_{12}

存在于鱼肉、家禽肉、鸡蛋、牛奶和强化谷物早餐之中（如果你是素食主义者，许多健康专家都建议你服用市面上常见的 B_{12} 补充剂）。从生理上来说，维生素 B_{12} 的主要功能与免疫系统息息相关。它有助于形成健康的红细胞，促进血液循环，增强消化系统功能，从而有利于心理健康，因为感觉“不舒服”或便秘都会让情绪产生连锁反应。

至于维生素 B_{12} 具体是如何改善心理健康的，目前的证据还较为粗浅。科学家尚不清楚它起效的原理，只知道它确实有效。有一种理论认为，它有助于神经递质的形成，而神经递质能确保情绪信息适当地在身体内“传播”。

欧米伽 -3

存在于植物油、核桃、甘蓝、菠菜、高脂肪的鱼肉（如鲭鱼和鲑鱼）之中。有研究表明，欧米伽 -3 有助于稳定情绪，是抑郁症（尤其是产后抑郁）乃至双相情感障碍患者的好选择。

姜黄

天然的姜黄看起来就像姜和红薯杂交后的产物，但它通常会被磨成颜色鲜艳的橙色粉末，可以撒在任何东西上食用。姜黄有助于提神醒脑，网上还有很多评论说它能有效缓解抑郁。

可溶性膳食纤维

存在于苹果、坚果、种子、扁豆和豆角之中。可溶性膳食纤维据说也有利于提神醒脑，一些研究表明它可以预防痴呆症，还可以帮助更年期的人减少情绪波动。

当然，需要注意的是，如需接受药物治疗，以上任何一种食物都不能替代药物，它们本身无法治愈心理疾病。不过，众所周知，治疗心理疾病和保持心理健康都不能单靠一个法子，所以这些食物也值得列入你的日常保健中。

要保持身体健康，就要确保摄入所有必不可少的食物，包括大量的新鲜食材，如果可能的话，还要吃些本地的农产品。而要保持心理健康，就不能让这些想法主宰你的生活。冥顽不化地死守自己定下的饮食“规则”，不大可能有益心理健康。偶尔犒劳一下自己，也是与食物建立起良性关系的一部分。享受并品味你吃下去的食物就好。要知道，有时候根本不存在最理想的健康选择。

毕竟，有句老话说得好：我们应该为了生存而进食，而不是为了进食而生存。

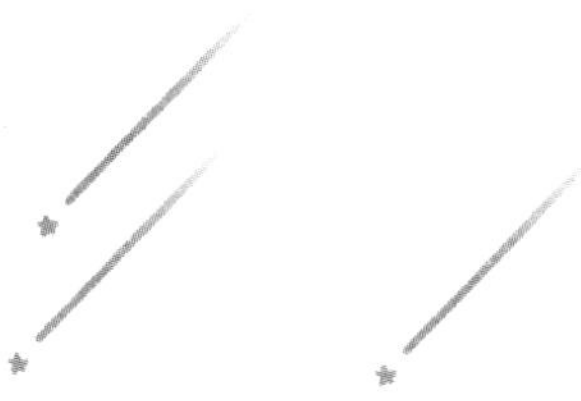

全科医生

General
Practitioner

温馨提示：本章包含一些生动的病情描述，或许会让部分读者感到不适，此外还讲述了我患饮食失调症时的一个细节，可能有些触动性。如果你不想看到这些内容，请跳过“我和我的全科医生”那一节。

何谓全科医生？

在英国，如需咨询任何医疗问题，全科医生是我们第一个该去找的人。全科医生可以就职于社区诊所（为居住在这一带的注册病人服务）、紧急处理中心（为急需就近就医的任何人服务）或医院急诊室。他们的工作是评估病人的症状，要是病情尚在其有权处理的范围内（据我所知，是“轻度至中度疾病”），就为病人开药，要是病情严峻或者他们没把握确诊就转诊给专科医生。他们是通往所有其他医疗服务的门户。

顾名思义，全科医生就是综合医师，他们虽接受过综合性的医疗培训，但并不精通某个特定的医学领域。他们对各类病症都略有了解，而专科医生则专攻某个身体部位或某类相关疾病。话虽如此，全科医生的所学仍具有一定的灵活性，他们可以自行选择感兴趣的领域深入进修。

目前，心理健康只占全科医生必修内容中的很小一部分。尽管据估计有三分之一的患者均出于心理健康问题去看全科医生，而且很多身体疾病都会给心理造成连锁影响（例如，有研究表明，身体长期抱恙会增加患抑郁症的概率）。

总之，目前凡是因心理疾病去看全科医生的，都犹如在玩俄罗斯轮盘赌。

我和我的全科医生

在此，我想先说几句免责声明。首先，我十分庆幸和感激，在英国如有需要我们可以免费预约全科医生。这恐怕是税收最好的用途了。其次，我知道绝大多数全科医生都勤勤恳恳、兢兢业业，而前来就诊的民众很多时候只是在疑神疑鬼而已。

试读亚当·凯的杰作《绝对笑喷之弃业医生日志》，你会了解到一些很可笑的就诊理由。想必自打“谷歌医生”面世以来，这类情况只会有增无减。有些病人上网搜索自己的症状，误以为得了不治之症，甚而拒不相信专业的医学诊断，一定相当令人心寒。

我笨嘴拙舌地说了这么多，不过是想说我知道全科医生已经尽力了。然而在我蠢笨的人生中却有过一些糟糕至极的就诊经历，（可能）一与医生打交道我就不太走运。

我出生时，患有一种叫幽门狭窄的病。换言之，我那连通胃部和大肠的幽门括约肌增生了。通俗地说，我天生就是个贪食症患儿——吃什么吐什么。这种情况在婴儿中很常见，只要及时治疗不会太严重。但这个病需要立即手术，否则婴儿会因无法正常消化食物而死亡。

我妈带我去看全科医生，医生告诉她我的“耳朵可能有点感染”，“所有小宝宝都难免有些不适”，冷静一点，不必大惊小怪。稍后，我妈看见医生在她的就诊记录上写下了“初为人母的焦虑”。

我六周大时，我妈不得不每半小时喂我一次奶，希望我能多少留点在肚子里。她觉得我肯定不对劲，孤注一掷地当着全科医生的面喂了我一次，好让她亲眼见识一下我那犹如驱魔一般的狂吐。我在最后一刻被送进了医院。再晚几天，我就会因饥饿或脱水而亡。

30 年后，我的脾脏自发破裂了（无缘无故地，最惨的医学罕事在我身上应验了），而急诊室的全科医生跟我说我的腹痛是消化不良所致。我拒绝回家，因为我每隔 20 秒就浑身抽搐、剧痛难当，疼痛已扩散至我的肩膀和胸腔，根本不像我以前得过的消化不良。医生说我已经是个“大姑娘”了，可能是吃了太多辛辣的东西（平心而论，我是很爱去南多斯吃饭[1]），没准患了胃溃疡。他勉强同意给我做个扫描看看。

我的阑尾、胆囊的扫描结果都没问题，这些都是可能引起腹痛的常见部位，但我仍然不肯离开医院。他们不停地劝我回家，我觉得自己活像个窝囊废，浪费国家医疗服务体系的钱，霸占病床。我 20 多岁做法律助理那会儿，接受过短暂的医疗过失法律问题培训，加之我的朋友比（她一旦较起真来，就会变成地球上最可怕的人）来医院看我，谎称是我姊妹，执意守着我的病床让人给我诊治，若非这样双管齐下，我恐怕早被赶出去了。

我坚持要做次探查性手术，看看我那要命的内脏到底怎么了。医生不建议我手术，因为可能造成肠穿孔。我签署了同意书，告诉他们无论如何我也要做手术。他们在我体内发现了一升半的内出血（这就是为何我看起来比平时胖，而首诊的全科医生还以为我是胀气）。如果我听从他们的建议再等下去，很可能会失血过多而死。

我先后两次命悬一线，都因不同的全科医生觉得病人是在小题大

[1] 南多斯的辣椒酱很有名，去店里吃烤鸡可以选择辣度。——译注

做。但我完全谅解所有相关人士。我得的这两种病都很罕见（幽门狭窄不常见于女婴）。100个小题大做的病人中可能只有1个我这样的。而最重要的也许是一旦发现问题，国家医疗服务体系便雷厉风行地挽救了我的性命。所以，我真正想说的是，谢谢你们，国家医疗服务体系的医护人员，你们绝对是一群工资少得可怜、没有得到应有重视的传奇人物。

但是，我不能原谅我因贪食症去找我们大学的全科医生看诊时他的反应。我第一次为此寻求专业的医学援助是在我大三那年，也就是2002年。那时，我每天都在暴饮暴食，一天催吐八回。我疲惫不堪，经常感冒并出现类似流感的症状，无法集中注意力，胃痉挛，牙齿松动。当时虽不似现在对贪食症了解得这么多，但也还不至于非得要是个天才才能找出我的症结所在。

如果说身体抱病的人普遍有夸大其词和过度反应的倾向，那么心理抱病的人则恰恰相反。在一个依旧充满污名和误解的环境中，在你思维不清、对任何事都感到焦虑的特殊时刻，去看医生需要莫大的勇气。

你原本就觉得自己是自作自受，就医是浪费医生时间。因此，你最不需要的就是再有人让你觉得你是自作自受，浪费医生时间。“我想……我的饮食和体重之类的……可能有点问题”，我勉强挤出这几个词。而我的全科医生所做的第一件事就是冷漠地看着我，跟我说在他看来我的体重似乎并非明显偏瘦，然后便让我上秤去称体重。机器显示我的体质指数“健康”，他耸耸肩，说他无法帮助我。

那一刻，我羞愧得无地自容。我低着头离开了诊疗室，迎着威尔士的寒风，回想起我每周在八卦女性杂志上看到的那些只穿着内衣的瘦骨嶙峋的人。“她们才真的患有饮食失调症，”我暗想着，“她们才真的需要就诊。”而我只是在小题大做。

直到2006年，我才再次尝试治疗。

全科医生能看心理问题吗？

一般而言，全科医生单次看诊时间为6分钟。换言之，他们有360秒来确定你到底出了什么问题，并开出对症的药方。如果你手指断了、呼吸道感染或者乐高玩具塞进鼻子里取不出来，这点时间足够应付了。但要是你的问题由一系列复杂的心理因素综合造成，包含着深埋于过去的创伤和有害无利的应对机制，肉眼和耳镜都无法直接观察，那么短短六分钟可解决不了问题。

除了诊断上的困难外，心理疾病患者也常对接受治疗犹豫不决、抱有矛盾心理，或因过于恐惧和机能障碍而无法参与治疗。在“唐宁街10号”一章中，我探究了巨大的资金缺口导致心理治疗的候诊时间无限期延长的问题。在“治疗”一章中，我将谈到为何心理健康服务机构往往相当冷漠、令人生厌，心理痛苦的人在那儿感受不到关爱和温暖。

所有这些原因最终导致全科医生经常使用“优势与困难问卷”（SDQ），判断患者是否存在抑郁或焦虑的症状。该问卷会问些诸如“过去两周内[1]，你是否多次对你一向喜欢的事物提不起兴趣？”之类的问题。如果确诊，他们通常会给患者开抗抑郁处方药，并将患者列入心理治疗的候诊名单，最久需要等上两年。在这段过渡期内，药物要么管用，要么不管用，致使患者病情恶化。于是，当患者第一次接受预约的心理治疗时，他们的状态已无法接纳所提供的治疗了。不管从哪种角度分析，这都是一场史无前例的系统性灾难。

最近有很多关于“全身心护理医疗”的讨论，我个人也亲身体验了一下。上次我去续开抗焦虑药时，被问及了我的工作和家庭生活状况，这期间与医护人员有眼神交流。总的说来，这让我觉得自己是个人，而不是块难以处置的案板肉。不过话说回来，谁又说得清这不是因为我现在状态不错，会以笑示人、有问有答，基本上不会招人厌的缘故呢？据此分析，越健康的人越会得到富有同理心的医疗护理并非没有可能。

我们经常忘记一件事：生病的人往往不是特别愉快、善于交际或口齿伶俐，这并非他们的错。显而易见，治疗有心理健康问题的患者，除了投入更多资金和培训外，还需要转换思路。

[1] 原文此处为“一周”，与作者稍后在“知己知彼”一章中的引文不符，且有悖于抑郁症等心理疾病的诊断通常以两周为限的标准，恐为笔误，故改之。——译注

医生的心理健康同样值得关注

如果我在谈论医生与心理健康时，绝口不提日益增长的医疗需求和资金短缺、不堪重负的医疗系统对医护人员的心理健康产生了破坏性的影响，那将是我的疏忽。

2015 年，初级医生（指的是所有非顾问医生而已，他们并没有什么“初级”之处）举行罢工，抗议那些实际上会让他们拿着更低的工资、工作更长时间的改革。卫生部及其志同道合的主流媒体将抗议的医生说成好逸恶劳、贪得无厌之徒。医生们回应说，这些变动威胁到了他们的首要任务：保障病人的安全。

大约就是在那段时间，我有次在天空新闻台的演播室里做新闻评论，卫生大臣杰里米・亨特刚巧从另一个演播室赶来接受现场采访。主持人埃蒙・霍姆斯说如果我愿意，可以问他一个问题。所以我决定给他一个解释的机会，请他详细谈谈他提出的改革将如何造福国家。现在你仍可以在网上搜到我的一个观众发出来的搞笑截图：在他接下来的解释过程中，我一脸困惑与失望。据我所知，他完全是在胡说八道。这是一场佯装追求“效率”和抨击初级医生“自私”的公关活动，旨在节省开支。

正是由于这种中伤同事的行为，前文提到的弃业医生亚当・凯才决定出版他就职于国家医疗服务体系时写的一些日记，以澄清事实，平衡媒体的报道倾向。亚当迫不得已放弃了他所热爱的职业，因为这份工作侵占了他太多时间，乃至利用他想要救死扶伤的愿望，损害他的心理健康。

我联系上了亚当，他告诉我："在申请医学院的过程中，他们从不会考核你的心理素质是否适合这份工作……从宇航员到《老大哥》[1]的参赛选手人人都要做心理测试，但不知何故医务工作者却被排除在外。"

他跟我讲述了在念医学院时，学校教他如何向情绪脆弱的患者宣布坏消息，但从没有人考虑过每天处理这种事也可能影响到他的情绪。他告诉我一个自我调节的办法，使得他可以在上班时目睹众多令人难受的创伤事件，而回家后却告诉他的伴侣，他今天过得"不错"。

一连经历了好几个月的睡眠不足和工作量持续增长后，一个尤为糟糕的工作日最终促使亚当离开了这个行业。他说："如果我当时能休息几周缓一缓，很可能现在还在当医生。但我们隶属国家医疗服务体系，没有任何松懈的余地，当然也没有钱让医生接受心理咨询。"

找全科医生看心理问题的新手指南

下面是向全科医生求助时需要牢记的一些小技巧：

- 越来越多的诊所要求必须配备至少一名专攻心理健康的全科医生。预约时，问清是哪位医生，专门挂他的号。

[1] Big Brother，1999 年首现于荷兰，随后红遍全球的社会实验类真人秀节目。——译注

- 如果你觉得自己可能难以启齿的话，可以麻烦一位亲友陪你前去就诊。
- 不要把全科医生的话奉为圭臬。你可以听从他们的建议，但如果没能得到满意的解答，别犹豫，请另行征求不同意见。
- 请记住，虽然全科医生可能会让你相当失望，但他们也存在过劳和压力过大的情况。医生和患者一样，都是医疗体系崩溃的受害者。
- 最后，关注相关慈善机构，诸如年轻心灵或前心理健康影子大臣[1]、国会议员卢恰娜·伯杰，为那些呼吁针对心理健康培训更多全科医生和投入更多资金的活动提供支持。

[1] Shadow Minister，在野党为准备上台执政而预设的内阁班子被称作影子内阁，其中的要员就是影子大臣。——译注

幸福

Happiness

满足当下，就是幸福

2016年，英国在联合国世界幸福报告中排名第23位，然而我们当时却是世界第五大经济体。看来，俗话说“金钱买不到幸福”委实不假。这一章，我想要探究的正是什么才能带来幸福。

13岁的罗根·拉普兰特在TEDx上的一次演讲，油管上的播放量已破千万。他说：“如果你问一个小孩长大后想做什么，你可能会听到最完美的答案。一个极其简单、明了而又深刻的答案：长大后，我想做个幸福的人。”

同样地，如果你问大多数父母对孩子有何期望，他们往往也会说：“我只希望他们幸福。”而问题是没有人知道幸福究竟是什么。

很多转瞬即逝的快乐容易被错认是幸福。在一月份的特卖活动中，半价购得心仪已久的东西那种短暂的兴奋；去餐馆吃饭，一盘看起来美味可口的菜肴端到眼前时的那种期待；初次坠入爱河那种让人忘乎所以的狂喜——所有这些都并非真正意义上的幸福。

2011年，一组研究人员制作了精彩的网飞纪录片《幸福》。片中他们考察了从路易斯安那州的沼泽地区到加尔各答贫民窟等全球不同社区的生活方式，从中提炼出幸福的真正要素。通过分析数千名受访者提供的海量数据，他们认为幸福是长久地满足，并非我们大多数人体验到的那种感受——由持续而琐碎的不满串联起来的一时之快。

幸福的感觉比大多数人想象的要平淡得多。我们许多人成日里总隐约觉得有什么地方“不对劲”，而幸福其实正好与此截然相反。或许确切说来，幸福更像是无，而非有。

我二十五六岁时，有次决定和另一个做酒保的同事下班后直接穿着溅满啤酒和污渍的工作服，不管不顾地出去跳舞。我们找了一家营业到很晚的夜店，跟随着混音乱七八糟的节奏布鲁斯不由自主地疯狂乱舞，直到凌晨三点方休。回到公寓后，我耳边还回荡着罗伯特·凯利在他那臭名昭著的“垄沟辫时代”[1]所唱的那些歌，我坐在沙发上心想“然后呢？”，这时我留意到一些少有的感觉。我既不渴也不饿，不想叫烤肉串或比萨来吃。我不想看电视，不想听音乐，也不想给任何人发短信。我不想做任何其他事，我只想坐在那儿，嗯，就这样。

我认为，满足于当下的存在状态，这种感觉就是幸福的本质。这种感觉圆融完整，与当下紧紧相系。正如我们在“资本主义”一章中提到的，这正是我们所处的环境始终不遗余力地谋划着要从我们身边夺走的东西。

并不是说幸福的人就满足于无所作为，一辈子一事无成。目标和成就是圆满快乐的生活方式中不可或缺的一部分。然而，一如之前所言，社会惯例已经限定了我们追求的目标，决定了什么样的成就才会获得奖

[1] R. Kelly，号称史上最成功的 R&B 艺人，被誉为 R&B 之王。其在音乐的巅峰时期，一直以垄沟辫的造型面对公众，后陷入性侵未成年少女的丑闻，声名狼藉，事业滑坡。——译注

励，而且奖励的方式多半并不能让大多数人长此以往地幸福下去。

我写作本书时值 12 月初，换言之，还有三分之一个月就将迎来早已变成消费节的圣诞节。圣诞节在心理界通常名声不好，理由很是充分。如果你有社交焦虑，一想到要没完没了地参加聚会就会勾起你的恐慌。如果你有饮食失调症，当着别人的面用餐会让你不堪重负。还有许多人与家人关系紧张，那些未能解决的冲突和秘而不宣的创伤会因节日期间不得不与家人团聚而遭到放大。

就算考虑到以上种种问题，我还是想借此机会为圣诞节辩护一二。别忘了我们每个人都是有“心”人，需要关注心理健康，我认为这个季节其实有很多东西可以滋养我们的心灵，全看哪方面更突出。

圣诞节表面上是庆祝耶稣诞生的日子。然而，大多数历史学家都认同，我们其实不清楚耶稣究竟生于何时，那些专门研究耶稣生辰的人倾向于是在仲夏时节。那么为什么圣诞节要定在 12 月 25 日呢?

答案是为促进宗教转型，基督教的复活节和圣诞节便与由来已久的异教节日合而为一了。一个广为流传的说法是，前基督教时代生活在北半球的异教徒为了打破漫长的严冬，设立了一个充满光明、温暖和希望的节日。从本质上看，圣诞节是古人为缓解季节性情感障碍而采取的原始办法。在这个人人都觉得欠缺幸福感的季节，这个办法能对抗情绪低落，提升幸福感。时至今日，圣诞节在某些方面依旧不改初衷。想必你也多次听人说过:“我可以忍受圣诞节前的寒冬，过了圣诞节我才真正开始觉得难熬。”

如果我们把消费主义制造的塑料垃圾统统从圣诞节里剔除出去，去伪存真，抓住其中更有实质意义的部分，就会发现一些能让你一年四季都感到幸福的要素：

社群

传统意义上的圣诞节关乎放松和欢乐，于是你会看到街上的行人微笑着相互用眼神致意，这在智能手机时代实属难得。一句“圣诞快乐”，为一向拘谨冷淡的英国人提供了重要的社交润滑剂。每个人都在同一时间经历着同一件事，令人觉得彼此同气连枝——这是幸福的基本组成要素。

慈善与给予

纪录片《幸福》发现，帮助他人是获得成就感的四大要素之一。圣诞节是个提倡慷慨互助的日子。在此期间，慈善捐款明显增多。流浪汉也说他们收到了很多金钱施舍和其他形式的善举。我们用于行善的时间与精力，会给我们自身的幸福带来多重回报。

音乐

音乐真可谓源远流长。但它又与大多数古老的习俗不同，我们无法在其中找到明显的进化理由。它对我们的生存没有明显的助益，除非你能敏锐地意识到幸福对我们的生存至关重要。没有幸福，我们就会放弃，就会腐烂，就会死亡。而音乐不单单是种可以驱散负面情绪的表达方式，一如传统的圣诞歌曲大合唱能让人精神振奋。事实上，神经科学家还证明当我们唱歌，尤其是合唱时，大脑的右侧颞叶会被激活，从而释放内啡肽（见本书“内啡肽”一章）。

休假

消遣娱乐是幸福的必要条件。不为追名逐利，纯粹地去享受一些事，会让我们更快乐。比如去（兴许）正在下雪的公园散散步，自己从零开始做一顿丰盛的火鸡大餐，或者和你的兄弟一起玩《权力的游戏》大富翁，虽然他一上来就会颇有远见地买下那些棕色的地，每年都大获全胜。

鉴于世界经济形势和受此影响的家庭与个人所承受的压力，工作和生活之间的平衡已越来越难维系。事实上，很多人在圣诞期间都没工夫休息，整个社会集体放假一周的日子早已一去不返。但对我们这些有幸休假的人来说，圣诞节给了我们一个机会，弥补这一整年来因加班而丧失的自主时间。

家庭

如前所述，并非每个人的家庭关系都很和睦。但像我这样与家人处得还不错的人，哪怕是争吵我们也只会和家里人吵，他们对我们了如指掌，不出三秒就能了结我们。归属感是种至关重要的心理需求。你是否曾向朋友抱怨自己的父母或兄弟姊妹，而当朋友掺合进来帮你出气时，你却莫名其妙地愤愤不平起来？这就是生活在部落里的感觉。家人始终是你这边的人，就算他们让你烦得不行。

由此不难明白圣诞礼物、猪肉培根卷、早餐时就能堂而皇之地喝酒，这些我们最爱的圣诞元素可能不过是些有形的习俗而已。我们误将它们与满足感联系在一起，但这种满足感实际上来源于节日的其他元素。

除非你只有五岁，否则多半期待送礼胜于收礼，因为这是一个向我们所爱的人表达感激和善意的机会。各种圣诞菜肴都象征着摆脱森严的节食制度，以及一年以来一直束缚着我们的身体羞耻感。早上起来就喝酒意味着不必拘泥于日常作息，百无禁忌，有了一个可以随心所欲的“借口”。在这个意义上，我与诺迪·霍尔德[1]愿景相同，真希望每天都是圣诞节。

2017 年，剃须品牌哈里斯与伦敦中央大学合作发布了一份“男子气概报告”。该报告显示，沉默寡言、身材健美、腰缠万贯，这种传统的“完美”男人写照纯属胡扯，英国男性都不以为然。

报告表明，大多数英国男人的追求虽然在价值观方面大体仍比较传统，但已远非典型的大男子主义。调查显示，大多数受访者均认为心理健康比体型健美更重要；他们最想拥有的品质是成为一个可信可靠之人；处于长期稳定的恋爱关系中的男性比单身男性更快乐。[2]

所谓的个体崇拜向我们灌输了一个观念，即我们拥有的东西永远不可能“过剩”。然而，美国在 21 世纪初开展的一项研究表明，虽然收入在一万美元以下的人和收入在一万至五万美元之间的人的幸福感存在显著差异，但后者与收入在五万美元以上的人之间的幸福感却几乎没有差别。

原因很简单：在美国，预算不足一万美元根本难以满足基本生活所需。而五万美元的工资通常已足以维持一个像样的生活水平（涵盖各种

[1] Noddy Holder，英国音乐人兼演员，曾与斯莱德乐队（Slade）合作创作 20 世纪 70 年代红极一时的圣诞歌曲《大家圣诞快乐》(Merry Christmas Everybody)。——译注

[2] 在此简要说一下因果关系与相关关系的区别——也可能是开朗乐观的男性更容易找到伴侣，而非简单地认为是恋爱关系让他们更快乐了。

变化因素，如是否住在城里，有几个孩子等）。如果你有屋瓦遮头，吃穿不愁，可以轻松地养家糊口，一年到头没准还能出去度个假，那么你已经得到了财富所能带给你的全部快乐。可惜，这并非消费资本主义赖以生存的基石。

幸福生活的新手指南

幸福很大程度上在于弄清什么才是你真正的动力。

有时，我会和学生一起做个练习，让他们说出一些他们离不开的东西。鉴于我们生活的时代，最常见的回答是“我的手机”。然后我让他们思考为什么手机如此重要，它代表了什么。它也许是通往无边无际的知识与信息之海的门户，这时学习就是你的动力；它也许还为我们提供了保障，确保我们可以利用谷歌搜索或联系外界摆脱潜在的麻烦和危险，此时安全就是你的动力；但手机主要用于沟通，人们之所以喜欢瓦次普（WhatsApp）的聊天群，是因为他们觉得自己融入了一个意气相投的集体。这个需求早在人类尚未发明出任何东西之前就有了。

帮助他人、有时间消遣娱乐和心存目标是幸福的基本组成要素，除此，尊重我们的个人价值观也很重要。假如你每天都坐在同一间办公室里埋头苦干，工作时间越来越长，而你的核心价值观是自由，那么无论你的工资后面有多少个零，都不会快乐。

如果你不清楚自己的核心价值观是什么，一位心理治疗师曾教过我一个简单的方法。回想一下你被莫名其妙激怒的时候。你心里明知犯不着为这点小事大动肝火，但似乎就是无法控制自己，那么很可能是这件事违背了你的核心价值观。这种情况下，事情本身是大是小并不重要，因为它戳中了你心中的那个“按钮”。

正如之前所言，公平无疑是我的核心价值观。我不怎么富有，也不怎么漂亮，很多社会希望我去追求的东西我都没有。但多亏了仁慈的命运，我从事了一份自认多少有利于社会公平的工作，所以至少在大多数日子里，我是幸福的。

互联网

Internet

互联网并非万恶之源

20 世纪二三十年代，普通家庭开始购买家用收音机，引发了一些自命为专家的人的担忧。他们研究发现收音机造成的“过度刺激”可能会阻碍大脑发育，尤其是青少年。30 年后，人们普遍认为电视“腐蚀了孩子的思想”。今天，人们也以同样的眼光看待互联网、智能手机技术，尤其是社交媒体。

这种观点引发了许多合理的反对之声。年轻人要操心的事包罗万象，从地球毁灭、助学贷款、就业困难、学术焦虑、购房困难到英国脱欧所造成的文化诽谤和仇恨。在这种形势下，将不满 21 岁的年轻人的焦虑水平上升归咎于手机，未免有点太草率了。

互联网绝不应该成为世界上其他问题的挡箭牌，然而那些政客却屡试不爽。2015 年，时任心理健康影子大臣卢恰娜·伯杰问卫生大臣杰里米·亨特，为什么这么多年轻人心理健康状况不佳？他的回答有且只有一个词：社交媒体。不出所料，这个回答引发了民怨，因为它一笔勾销了卫生部的责任，他们不必再去解决其他可能的潜在原因了。2016 年，我在 TEDx 上做了题为“社会正在破坏孩子的大脑吗？”的演讲，探讨了这一点。这场演讲很大程度上正源于我对杰里米·亨特的愤怒。

不过话说回来，完全忽视科技进步的影响也同样危险。智能手机可以说与收音机、电视机有着本质的不同，手机并不局限于客厅的某个角落，很多时候它已然成了我们的义肢。然而，这三样东西的相似之处在于，几乎没有人会自愿放弃这些令人兴奋的闪亮新科技。

我是个实用主义者，情愿在有所共识的基础上再进行深入探讨。我认为人们从今往后都会经常接触社交媒体、色情图片和谣言，与其浪费精力哀叹一个相对纯净的时代的逝去，不如想办法帮助人们应对如今的世界。此外，但凡有人拍着胸脯告诉你，他知道互联网对人类的神经和心理造成的影响，那纯属扯淡。科技的发展速度如此惊人，科学家尚未来得及切实地搞清楚上一代产品对心理健康造成的影响，科技已然更新换代。

这方面的大部分科学理论要么基于推测，要么待到发表时已基本无甚意义。例如 2016 年发表的一篇极为全面的研究论文，研究了青少年使用脸书（Facebook）与身体意象失调及低自尊之间的联系。几年前这项研究刚起步时，脸书是青少年首选的社交网站。待到研究项目获得了必要的资金，聘请了相关的研究人员，并对研究对象展开了可靠而广泛的调查之后，接受调查的人群早已改玩照片墙和阅后即焚（Snapchat）了。

不过专家仍旧发现了一些放诸各个网络平台皆准的事。譬如，当我们的智能手机收到通知时，我们会出现巴甫洛夫条件反射[1]。不论你收

[1] 巴甫洛夫是位俄国科学家，他发现如果在给狗喂食前先摇铃，最后不管有没有食物，狗听到铃声都会满怀期待地流口水。我承认这么形容这个实验是有点残忍，但它却教会了我们一些重要的东西，揭示了大脑是如何将明显不相关的感觉信息与记忆联系起来的。

到的提醒多么不痛不痒——朋友邀请你玩糖果消消乐、苹果公司问你要不要更新系统、伴侣让你在回家路上顺便买点洗碗机的洗涤块，只要手机一响，多巴胺就会激增。

多巴胺是种能让人开心的化学物质，它的作用是让神经细胞兴奋起来，准备好传递身体信号，所以多巴胺会让我们产生立马拿起手机的冲动。正因如此，手机很容易让人上瘾，玩手机所释放的多巴胺显然很可能干扰注意力。此外，2015 年的一项媒体调查还发现，超过半数的 12~14 岁青少年表示，如果不立即回复瓦次普或其他社交媒体的信息，他们会“深感愧疚”。

而更令人担忧的或许是，有确凿证据表明，“频繁”使用智能手机（一般指的是每日屏幕使用时长超过四小时）会干扰婴幼儿和青少年正常的大脑发育途径。大脑额叶内负责理解我们在社会层级中处于什么位置的那部分，通常在七八岁左右开始发育（这就是为何这个年龄段的孩子往往开始有了在学校里交友的烦恼）。研究表明，频繁使用社交媒体的人，大脑额叶的这一部分比同龄人要大。塔尼娅·拜伦博士对此做过鞭辟入里的论述，并进一步推测：社交媒体改变了我们的神经系统，迫使我们难以自拔地和他人攀比，进而损害了我们的自尊。

雷切尔·汤姆森博士在她的论文《数字化的童年》中指出，现在的年轻人将在校和在家的时间视作他们线上社交生活的“缓冲”，对他们而言，网络比三维世界更“真实”。因此，他们实际上是在一个可怕的全球体系中以一种看似无比真实的方式相互较劲，数百万人在线晒出自己的“高光时刻”，用软件精修他们的全部生活。

另外还有很多人担心，科技将如何影响人类准确而有意义地解读自己的记忆。其中部分担忧源自“我受邀为一家小报[1]写500字的长篇大论，截稿在即仓促动笔”这类虚张声势的文章。其主要论点是“小年轻们”抛弃传统皮革封面的百科全书，改用维基百科，导致智力发育迟缓（结尾通常还会呼吁恢复义务兵役制[2]）。另一些担忧则更为合情合理、有理有据。例如，综合心理治疗师阿伦·巴利克博士发现，相比纯粹地体验生活，我们更爱将生活里发生的事情拍下来或者录下来，这种癖好妨碍了我们准确记事的能力，很可能也不利于在生活中保持正念（见本书“自我护理”一章）。

有一派人认为“如今的小孩连自己是谁都不知道，不像我们从灰扑扑的教科书上学到了一切”，他们没有意识到现代人承受的信息量是何等巨大。一位心理学老师曾告诉我，我们一天内接收到的信息，比我们祖父母一年接收的信息还多。因此，我们完全有可能记住了同样多的信息，只是相比我们接触到的庞大的刺激总量而言，这点信息就显得微不足道了。

过度刺激可能是科技进步所造成的最严峻的心理问题。我们所遭遇的信息轰炸往往极具攻击性，也非常容易上瘾。像我这类有焦虑倾向的人，在本应“放松”的时候，手握一种能即时获取一切信息的小型设备，丝毫无助于减轻我那排山倒海的罪恶感和不安感。右翼与左翼、女权与

[1] 英国的报纸通常分为两类，小报（Tabloid）即通俗报纸，以娱乐内容为主，包括《镜报》《太阳报》等；大报（Broadsheet）即高级报纸，内容较为严肃，包括《卫报》《泰晤士报》等。不过也有人认为像《每日邮报》一类的报纸，是中间市场的报纸，亦庄亦谐。——译注

[2] 英国在“一战”与“二战”期间曾实行过义务兵役制，最终于1960年废止，距今已有半个世纪之久。现在英国国内有人呼吁为青少年恢复义务兵役制，主要是认为服兵役能加强爱国主义教育，让青年人学会新的技能，同时增强国民武装力量。——译注

男权、脱欧派与留欧派在网上没完没了地争辩，也经常让我觉得自己宛如一个婴儿，蜷缩在厨房角落里，双手捂着耳朵，而父母就在一旁醉醺醺地大吵大闹。

然而，最终，基于我对人性的了解，我知道所有这些现象外加明知科技会对我们造成伤害，都不足以让我们停用手机，放弃科技时代带来的即时满足。（除非你是我的朋友吉尔里，他一直不肯换掉那台 1997 年买的诺基亚手机。平心而论，他的确是我认识的最知足知止的人。）

有鉴于此，我发现将以下这些信息，深深地刻在脑海里很有用。当整个世界似乎都被电子屏幕主宰了的时候，这些信息将有助于增强你的自尊。

谣言

互联网最大的好处在于人人都能发声，最大的坏处也在于人人都能发声。这无疑混淆了事实与观点之间的界限。在互联网提供的平台上，不论有没有客观证据支持，所有观点在某种程度上都是平等的。

网络也造成了严重的两极分化。观点最极端的人总是嚷嚷得最大声，但要放在以前，这些人要么只能自说自话，要么就是在《每日邮报》的舆论版上发发牢骚而已。互联网放大了他们的声音，给人一种错误的笼统印象，仿佛世间大多数问题都非黑即白，事实上它们往往复杂而微妙。微博迫使人们只能用 280 个字符来表达自己的观点，无疑更让问题雪上加霜。任何有价值的观点都无法在 280 个字符内阐释清楚（除了这个观点）。

我念大学时，宿舍楼里有个装模作样的阴谋论者。他享受完夜生活回来后，趁我们早餐吃奶酪吐司的空当，就在大麻的作用下滔滔不绝地讲述他的阴谋论，什么登月是假的，世界其实处于蜥蜴的统治之下。如今，互联网就是这个阴谋论者，远不再是一个古怪却无害的胡须佬，背着把木吉他，总以为自己被外星人绑架过。互联网的力量无孔不入，具有货真价实的政治影响力。正因如此，特朗普才会冲那些遵守新闻准则（研究、调查、引用可靠的信源、观点不偏不倚）的可信媒体疯狂叫嚣“假新闻”，而不是直接迫使他的支持者相信不论是前总统奥巴马的出生地，还是瑞典的犯罪统计数据全是令人发指的捏造。

所有新闻传统上都有一个报道意图，但处于政治边缘的极端分子却会出于个人目的颠倒黑白，摆出一副似是在揭露“真相”的架势。这不仅是在混淆视听，还会对社交媒体用户的心理健康产生重大影响，尤其是年轻用户。2016 年英国举行脱欧公投后，儿童热线慈善机构报告称，他们接听的来电量增长了 82%，许多孩子因为害怕而致电寻求建议和安慰。尽管大多数经济学家一致认为，英国若脱离世界上最大的单一市场，前景堪忧，但真正让那些打电话的孩子感到困扰的恐怕是当时的文化面貌：到处一片哗然，相互攻讦、煽动仇外情绪、大喊口号。恐惧会催生焦虑，而我们知道，长期焦虑会导致抑郁。

互联网也为那些漏洞百出、毫无证据的半吊子健康理论提供了传声筒。我绝不是说只有西医才能救死扶伤、缓解病痛，但网上的很多“评价”，要么是为了销售特定产品或服务，要么就是混淆了相关关系与因果关系，效果全赖安慰剂效应而已。

一次，一个自称“专家”的人在网上找到我的朋友——慈善机构“Coppafeel!”的创始人克丽丝·哈林加，跟她说想要治好她的脑肿瘤应立即停止化疗，改为每天吃三个桃子。显而易见，这是荒唐又危险的无稽之谈。但换作心理健康领域，则很难甄别出这些神棍。一来是因为心理疾病看不见摸不着；二来是因为我们对大脑的科学认知还处在相对初级的阶段；三来是因为“心理健康”包罗万象，涉及性格迥异、独一无二的个体。

一如你将在“康复”一章中看到的那样，要想养成并保持良好的心理健康状态，不能只仰仗某个单一孤立的办法。为了达到适合自己的最佳平衡状态，你可能需要在医疗上、习惯上、身体上和精神上做出一系列改变才行。于是，以能者为师，择善而从就变得至关重要。

比如，经常有人批评我说自己是心理健康方面的“专家”，因为我根本不是医生。虽然我很生气，因为这种话通常都出现在那些旨在诋毁我的事业、生活，乃至恨不得抹杀我在这个世界上的存在的评论里（见下文的“喷子”），不过我依旧认为这个看法本身合情合理。没有人是无所不知的心理健康专家，就像没有人是无所不知的生理健康专家一样。这里面涉及的东西太多了。

我学到的方法是以能者为师，无论他给出的是专业建议还是个人体悟，参考他的观点，从他的言谈中提取有用的信息。我多方收集这些智慧的结晶，是为了将它们传播出去。因此，我的专长就是善于整合心理疾病的第一手经验。我的工作使我有机会与成千上万身患心理疾病的人交流，更使我有幸接触到这一领域最为拔尖的科学家和社会思想家。这就是我所能提供的专业水准——实事求是，不多不少。我所说的一切皆出于此。

故而，当看到报纸上的文章把我说成“大师”时，我极其反感，怒意胜似千百个燃烧的烈日。这个词意味着我自认已经找到了最终极的答案，这种想法对我的读者和我的声誉都有害。没有什么一劳永逸的办法能让你轻松驾驭无比复杂的生活。这种事根本不存在，任何自称有办法的人都是江湖骗子。别人所能为你提供的，只是一些有益的观点而已。

支持厌食和自我伤害的网站

互联网上有些地方专供人们聚在一起分享饮食失调和自我伤害的秘诀。简便起见，我将在本节中统一称之为“支持自我伤害的网站”，因为饮食失调多少也算是一种自我伤害（见本书“食物”一章）。

众所周知，自我伤害行为带有一种反常的竞争因素。此外，自我伤害者还有一个特征是有种不太能“融入”这个世界的感觉，觉得自己不正常、犹如异类、不被理解。因此，支持自我伤害的网站为这些易感人群提供了一个惺惺相惜的社群，一个将已成为情感支柱的自我伤害行为继续实施下去的正当理由，以及一个获取信息的渠道，说得好听点就是拓展自我伤害手法的渠道。

支持自我伤害的网站理所当然地遭到了媒体的抨击，政客呼吁互联网服务提供商积极采取措施搜寻和关闭这类论坛。然而人们往往并未意识到，大多数这种性质的在线论坛，最初都是由一个互助小组发展而来。

过程很老套：一个刚从自我伤害中康复的人寻思着："唉，这真是太可怕了。我希望能接触其他同病相怜的人，帮帮他们。"于是他建立了一个网络空间，邀请具有不同程度心理障碍的人相互交流。因为论坛的创建者通常还有其他事情要忙，所以不可能一直监控交流的内容。

要不了多久，用户就开始分享一些"煽动性"的内容（比如自己瘦得皮包骨头的照片、讲解自我伤害手法的照片等）或发布"结伴"信息——指与存在类似问题的人建立起相互依赖的关系。这就是戒酒互助会所采用的 12 步戒断法，建议你选择一个已经成功戒酒的人来当你的导师。把两个状况不好的人安排在一起，任凭他们相互用破坏性的行为来表现和缓解各自的痛苦，基本只会害人害己。

我委实想不出互联网服务提供商如何能在不大幅限制言论自由的情况下，推动国家立法解决这些现象。在尚未想出更好的办法之前，我一般建议如果大家真想上网分享自己的经验，就应该选择去有人监控的论坛进行分享。

例如，英国最大的饮食失调症慈善机构"比特"会定期举办网络交流会，但你输入的内容大约会延迟两秒再出现在聊天室里。因为后台有专人在筛查任何可能对其他用户造成伤害的内容。在我撰写这篇文章时，国家自我伤害网也出台了类似政策。

我治愈了我的饮食失调症，在此过程中我抛弃了那些与我同病相怜的朋友。这很艰难，让人觉得自己很下作，但归根结底这是一种自我保护行为。要是这个康复过程放在一个像今天这样由社交媒体主导的时代，我就不得不屏蔽那些和我有同样情感缺陷的人，尤其是在他们完全没有表现出向好的迹象时。但这个策略并非永恒不变，现在我已经康复了，既能放心地和那些状态很糟的人相处，又能与他们保持安全的心理距离。

自拍

各位年过三十的读者，你们好！你可还记得以前要是被人发现你自己给自己拍了一张照片，会遭到无情的嘲笑吗？时至今日，我仍未完全摆脱这种态度的影响，当然我也会自拍，可一旦被人发现，还是会觉得尴尬至极。

比我年轻的人显然没有这种顾虑。按照我们今天对“自恋”的理解（等同于“虚荣”），给自拍贴上“自恋”的标签，我认为未免把问题简单化了。自拍更像是一种一定要记录下所有生活琐事的强迫性欲望，仿佛我们没拍下来事情就没有发生一般。这种现象非常新颖，我甚至不知该如何称呼它。

如果我们做了什么事，却没有立即上传相关的影像证明，你认为会怎样？我猜恐怕会由此上演一部错综复杂的现代版《攀比邻居》[1]。因为如果我们社交媒体上的好友能在早上十点前跑完十公里、从头开始自制格兰诺拉麦片、在地铁站台上偶遇一位名人、买下一双支持公益的袜子，我们就会感到一种莫名的社会压力，驱使我们进行等量的活动。

在找不到更好的理论解释的情况下，我认为以上种种情况均基于一种特殊的认知失调。我在工作中碰到的大多数青少年群体都表示，如果全盘考虑的话，他们希望社交媒体从来就不曾出现。但既然它已然存在，他们就觉得自己有义务参与其中，因为他们总生怕错过了什么。[2]

自拍不仅能营造一种派头，还能收获"点赞"。女孩（以女性为主，但也不局限于女性）从小就被教育，她们所能做的最有益的事就是取悦他人。我们引导她们去寻求外界的认可，也就把她们的自尊外包出去了。

获得点赞不仅会让人上瘾（见前文提到的多巴胺效应），而且还能通过添加滤镜和使用精修软件大幅提升收获点赞的可能性。许多人甚至都没有意识到现在的智能手机技术已相当成熟，他们的手机很可能已经预先内置了滤镜。据我所知，不需要我操作或同意，我的手机摄像头就会自动让我看起来更瘦，眼睛更大。现在，当我对镜自照时，我不仅承受着别人那一张张修饰得完美无瑕的照片的压力，而且本质上还在与一个理想化的自我竞争。

现在每个人平均要拍 22 张照片，才能从中选出一张发到网上。于

---

[1] 2016 年的一部动作喜剧，又名《邻家大贱谍》。讲述一对处于婚姻倦怠期的夫妇因为隔壁搬来了一对特工，被迫卷入危机，不得不和特工夫妇较着劲地联手抗敌。——译注

[2] FOMO，错失恐惧症，又名"局外人困境"，特指一种总担心失去或错过了什么的焦虑心情。社交媒体是引发错失恐惧症的根源。——译注

是照片墙就成了各种人生高光时刻的集锦，相比之下我们平凡而不完美的现实生活势必相形见绌。根据我的经验，只需记住这一点，就足以给自己带来安慰。

我的朋友圈子里流传着一个笑话，说的是我们都认识的一个熟人。她每周五晚上都坚持换上一套差不多算是晚礼服的长裙，然后擎着一只细长的香槟杯在自家客厅里摆造型，配文是“喝普罗塞克[1]的时间到了”。据我们所知，之后她并不会穿着晚礼服出门。事实上，她很可能自拍完就马上换睡衣了。她为什么要搞这种荒唐的过场？只消大致浏览一下照片下面的评论便一目了然——“哇，太美了”“窈窕淑女”“华美无比”。

社交媒体真的根本分不清轻重。我在脸书上发帖说我因致力于为年轻人提供帮助而被授予了大英帝国员佐勋章（MBE），收获的点赞只有我在厨房里拍的一张自拍的三分之一。那张照片里我打扮得花枝招展，准备去参加一个华丽的颁奖典礼（不是去领奖，只是去坐在瑞贝尔·威尔森[2]后面可耻地喝了个烂醉而已）。如果我是另外一种人，完全可以想见今后我定会在每周五晚换上晚礼服在客厅里自拍（实际上我注销了我的脸书账号）。

[1] 意大利产的一种起泡葡萄酒。——译注

[2] Rebel Wilson，澳大利亚演员、歌手，代表作有《完美音调》《博物馆奇妙夜 3》等。——译注

色情

根据剑桥大学为第四频道的纪录片《令人痴迷的色情》所做的一项研究，色情内容唤醒的不是我们大脑中与性相关的区域，而是导致成瘾的区域。扫描一个过度消费网络色情（一日数次）的人的大脑，你会看到与瘾君子或酒鬼一模一样的神经模式。

《令人痴迷的色情》的主持人马丁·多布尼目前正在各个学校和高校间做同名的巡回演讲。他意在将探讨的主题从评判他人的性偏好，转向对心理方面的关注。他介绍了那些与社交媒体广告投放类似的算法，会根据色情用户观看视频的关键词来追踪用户“偏好”，譬如“金发女郎”“黑人”“捆绑调教”等。然后，算法会推荐一个比用户之前观看过的视频更刺激的视频。长此以往，用户会发现他们最初观看的内容已不足以唤起他们想要的性兴奋水平，一如瘾君子需要越来越大量的毒品才能达到同等的兴奋水平。

这些算法的目的是让消费者不再满足于免费内容，从而鼓励他们开始观看需要付费的色情内容。大约有 10% 的色情用户会付费解锁更刺激的视频。还有 1% 的人不再满足于屏幕上的内容，他们会点击视频外围弹出的各种陪同服务的广告。这才是出真金白银的地方。

和所有互联网内容一样，“免费”的色情内容也是有代价的。一小部分用户上瘾后养成的坏习惯不仅支撑起了整个色情行业，而且色情内容的盛行还影响了一代人对性和身体意象的态度。

调查显示，52% 的 12 岁儿童看过网络色情内容。当他们年满 16

岁时，这个比例提升到了97%。就像时尚、健身和美容业令人产生了无意识的期望一样，色情业也如出一辙，混淆了青少年对性同意的看法。

一些广受欢迎的色情视频描绘了女性假装被迫发生性关系的场景。没有任何免责声明，也没有任何迹象表明（除了一如既往的烂演技外），这些内容是虚构的。色情片一直延续的叙事主旨是，所有女性被折磨到最后都能享受性爱——我们暗地里“巴不得这样”。

我倒不是号召正人君子奋起驳斥这一点。但既然时尚业和健身业推崇的身体意象足以令自我憎恶泛滥成灾，那么认为色情内容可以引发和洗白厌女症，也没有什么荒唐之处了。

喷子

据我合作过的一家制片公司所言，自我被政府授予有史以来第一位心理健康卫士的殊荣后（见本书“唐宁街10号”一章），我立马就成了“英国被喷得最惨的女性之一”。幸运的是我对此毫不知情，因为我明智地关闭了推特的消息推送，并将我的照片墙账户设成了私密账户。至于报纸上那些提到我或针对我的线下评论，一位编辑劝我不要看，因为那“无异于自我伤害”。

然而，翌年一月，一位纪录片制作人找到我，问我是否愿意参加一个让喷子和受害者面对面的节目。再三考虑后，我同意了，主要是因为经常有人问我是什么原因引发了网络暴力，而我还远未得出一个理想答案。我很高兴有机会深入了解一下那些攻击我的人的内心，理解他们，乃至帮助他们，因为在我看来快乐的人是不会做这种事的。

事实上，我此前从没有机会与喷我的那些人面对面，因为你首先要知道，他们都是胆小鬼。

网络上，他们躲在身份不明的头像和假名背后，叫嚣着“臭婊子，别让我碰上，否则一定宰了你”。而当他们真有这个机会时，又会闭门不出。我并不是说网络威胁不会变成真正的暴力犯罪（议员乔·考克斯被害身亡一案[1]证明了完全有这个可能），也绝不是说因为喷子大多胆怯就不必把网络威胁当回事。我只是想说这些人大部分时间都仅是动动嘴皮子（或者说动动手指头），不会付诸行动，知道这一点能让人稍感安心罢了。

不过我倒没顾得上那么多。我尚未弄清会不会有喷子当面拿酒瓶来砸我，节目制作人就给了我一大堆文件，里面全是他们在各个网络平台上轻松搜罗到的针对我的最恶毒的言论。我很荣幸地发现，我登上了一份另类右翼电子杂志的周榜，榜单名为“最欠揍的女权主义者”，而且还被像布赖特巴特新闻网和《尖刺》之类的网络刊物疯狂提及，他们的读者认为我对当权者的谄媚，基本预示着文明的终结。

大部分评论都拿我的外貌、性别和种族说事。“胖”和“丑”是他

[1] Jo Cox，英国工党议员，是最早的留欧派，于 2016 年 6 月 16 日在英格兰北部选区的大街上遭枪击身亡。——译注

们最常用的两个词（比如“丑得让人匪夷所思”）。根据受众不同的政治倾向，我要么被说成犹太人，自动成为全球各种惊天大阴谋的替罪羊；要么说我有黑人血统；要么索性说我是外国人，无权干涉英国内政。

于是我得出了对喷子的第二点认识，他们的评论总是冲着他们自以为的弱点去的。多年来的饮食失调严重破坏了我的新陈代谢，导致我现在有点胖。我是个种族复杂的混血儿，既有犹太血统也有非洲血统。虽然我对我的混合血统感到自豪，也毫不担心失去英国公民的身份，但喷子们对此一无所知。

我对喷子的第三点认识是，对于他们不知道的事，他们会基于一些刻板印象瞎猜。因为我是个女权主义者，他们就笃定我不是同性恋就是单身，乃至是个单身的同性恋，性生活一定不如意。

喷子喜欢狐假虎威地利用别的力量，抨击那些威胁到他们的人。女性心里普遍有一个涉及身体意象的“羞耻点”，因此只要哪位女性展现出不肯永远受男权价值观奴役的志向，就会成为众矢之的，被人抨击她的身体意象。而男性心中的“羞耻点”关乎力量，往往被骂“绿帽男”（“绿帽”这个词由来已久，专指那些妻子有外遇的男人——这就是喷子的水平）。

当然，被人喷只是网络暴力的一个方面，但却是最难找到明确的解决办法的那一方面。在网上搜索网络暴力，你会发现一些可供下载的文件，里面包含了各种慈善机构和教育部提供的一些合理但不甚实用的建议。他们建议由父母负责屏蔽掉那些污言秽语和某些特定网站，还强调要与孩子开诚布公地交流，让孩子了解暗藏在网络空间里的潜在危险。所有这些建议都犯了一个根本性的错误，以为网络暴力只会发生在孩子身上。

相反，给喷子的忠告则大多是由企业或站在企业的立场写的，在他们看来，喷子除了会破坏品牌的声誉外，不会构成其他值得一提的威胁。社交媒体用户收到的建议则是截屏留下证据、拉黑或禁言喷子，然后向互联网服务提供商举报。而一说到成人之间的网络暴力，人们似乎普遍认为这好比在电梯里放屁——严格说来不算犯罪，但非君子所为。

这个问题很大程度上在于网络暴力的界定具有很强的主观性，究竟算不算网络暴力取决于（基本看不见的）加害者的动机和受害者的感受。我在推特上说政府的行为专员是个“蠢货”，结果被指网络暴力。我没有在推特上打他的标签，也没有指名道姓，只是附上了他发的一份声明，其中包含不少我认为相当愚蠢的观点，然后配文说：“这家伙似乎是个蠢货。”

推特上的网友“陪审团”认为我违反了规定，于是我迅速删除了推文，并向当事人致歉，尽管我做梦也没想过会被他本人看到。我意识到我给别人造成了痛苦，这一点相当关键，这是所有网络暴力的决定性因素。

而让人不解的是，几个月后，一个推特用户因不认同我在一篇专栏文章中所写的东西，扬言要“派人来”让我“知道知道厉害”。我很害怕，那一周乔·考克斯刚刚遇害，人们的反复无常和凶狠残暴仍让我记忆犹新。我遵照上述建议进行了举报，但却被告知这事没有违反用户守则。而且，这一次推特上的网友一致认为，他“显然是在开玩笑”，“根本没有害人之心”，反倒是我应该要“有点幽默感”。

在网络世界里，说别人是“蠢货”遭千夫所指，但直接威胁别人却没有丝毫问题，难怪根本没有人清楚这其中的规矩。

法律对此也无能为力，原因有二。其一，但凡要修订法律都非常耗时，而科技的发展却日新月异。譬如，法律曾顺应时代规定收受虐待儿童（有时也被称作“儿童色情”，但在我看来这个术语有些自相矛盾）的照片违法。而这些年来，这项法律多被用于起诉那些 14 岁的男孩，因为他们从自己 13 岁的女友那儿收到了性短信。我想大伙儿都觉得这挺蠢的。

即便法律做出变更，也有太多的顾虑和例外需要考虑，因此要施行统一的法律是出了名的棘手。例如，有项最终被否决了的正式提案曾建议，禁止创建匿名社交账号，每个人都应该经过“认证”。虽然这能解决追踪喷子的难题，但不利于那些身陷困境的人利用社交媒体寻求帮助或披露信息，譬如家暴受害者、未“出柜”的性少数群体或是在公共部门工作的检举人。

法律面临的第二个问题是资金问题。我和伦敦警察厅的一位警官探讨了喷子的问题。我问他，警方经费不足是否意味着网络暴力的受害者无法获得明确的维权建议或应急办法？他（匿名）告诉我：

警方在这方面还有很长的路要走。我们肯定需要让一线警员接受更多培训，识别危险信号（以防喷子将网络威胁付诸行动）。资金不足肯定有影响。但话说回来，即使我们有追踪喷子的技术，我也不认为会用它来侦破低级犯罪。就算我们增加人手，数量上也不可能应付得了。

于是实际上只能由互联网服务提供商自己想办法解决这个问题。我认为社交媒体对用户负有注意义务。而有些人基于“言论自由”的理念，认为推特这片仙境应该允许人们畅所欲言。他们没有意识到纯粹的言论自由实际上并不存在。如果我戴上一块巨大的夹板广告牌，上书“杀光墨西哥佬”，然后拿着扩音器在大街上来回鼓吹种族主义，我铁定会被逮捕和拘留。社会对什么可行、什么不可行自有规定。

不过或许确切说来，社交媒体和社会不是一回事。互联网服务提供商完全有权制定他们认为合适的规则。既然高尔夫俱乐部有办法非要你穿上俱乐部夹克才准进门，那么推特就应当有办法严打网络喷子。试想这样一个网络世界，所有人的行为都建立在一个共同的基础上：要想使用它提供的一切服务，就不能在规则上讨价还价。

网上生存的新手指南

试着每周拿一天出来不看电子屏幕。一开始你多半对此深恶痛绝。不过，我看过有的学校这么做，如果那儿的情况可资借鉴的话，你最终一定会喜欢上这一天。放下屏幕为我们提供了我们急需的休憩和新视角，让我们与身边这不完美、有血有肉、活生生的三维世界重新建立联系。真实的人际关系是心理健康的重要基石。

请记住，社交媒体动态就是你能隔空了解一个人的极限。纯粹的网友通常都不太了解真正的你，他们看不到你的面部表情、你的肢体语言。他们无法确切地知道你是在什么情况下发的帖子。他们的回复反映的只是他们自己的内在导向，你发布的内容被他们解读得五花八门。他们的观点当然值得参考，但别让他们左右你在网上的言论或是放弃追求你认为正确的事。永远，永远不要被喷子压制得不敢发声。

在搜索信息时要注意来源，时时扪心自问自己的意图何在。哪怕像做慈善这种看似充满善意的行为，严格说来也有自己的目的——他们必须证明自己的合理性，长久地维持下去。

虽然你在网上建立的友谊也很有价值，但别忘了它们与你在现实生活中建立的关系有着本质的不同。你为了娱乐网友、博取好感而呈现出的那个自己是经过美化了的，因此更容易招来肤浅的迷恋。而真实的你是有缺陷的——无人例外。

一个能接受你所有的人，他会在你宿醉未醒、酒气冲天、头发乱成鸡窝时依旧爱你，在你生病时去医院照顾你，在你分手后带一大桶冰激凌来看望你，在你的车子无法发动时帮你跨接他的电瓶，或是借一本好书给你。这个人为了让你生活得更好无惧任何麻烦，绝不仅仅是动动鼠标而已。这样的人际交往，胜却无数个“赞”。

只为寻求关注

Just Attention
Seeking

自我伤害不只是拿刀割自己

萨特维尔·尼贾尔曾就职于英国特许心理学协会，是位热情洋溢的教育家，致力于为自我伤害辩护。她曾用刀自我伤害过，并颇具争议地将她创办的自我伤害意识训练课程称为“寻求关注班”。我问她，如果她能改变世界上一件事，她会改变什么。

“我会废除‘只为’这个词，”她毫不犹豫地回答，“只为寻求关注，只为求救。这种说法诋毁了一个人试图通过自我伤害表达的痛苦。不管别人怎么看，自我伤害总归是种痛苦的症状。”

根据我的经验，大多数人都认为自我伤害就是拿刀割自己。然而，自我伤害行为广义上可以泛指任何明知会伤害自己，却又能让人暂时好受一些的行为。照这个意思，我敢打赌你找不出哪个大活人没有干过这种事。

回想一下最近你过得很辛苦的那一天。也许某个同事惹得你心烦意乱；也许你的朋友圈子里发生了什么争执；也许你和爱人有了分歧；也许你翘首以盼的事情落空了，不由大失所望。这些都是相当常见的压力形式，避也避不开（这么做实际上也不健康）。现在，想想那天结束时你憋着一肚子无从宣泄的怒火，好不容易抓到一点自己的时间，你做了什么？

如果你想着“辛苦一天，该犒劳一下自己了”，就去喝了酒，吃了些毫无营养全是糖或脂肪的食物，抑或抽了烟，你就是在自我伤害；相反，如果你因为今天过得很糟，觉得自己“没资格享受”而不吃东西（或者不碰其他任何能带给你快乐的东西），你仍是在自我伤害；如果你急需一个出口发泄掉所有有害能量，于是便和家里人吵了一架，只为能好好吼叫一番；或者你索性把自己封闭起来，因为你知道自己现在火冒三丈，不想招惹身边人，你这都是在自我伤害。事实上，除了承认自己不开心并顺其自然，或者采用健康的应对机制出去散个步之类的，其他办法严格说来都算自我伤害。

自我伤害的方式数不胜数：维持一段备受虐待的关系、不吃饭、不运动、不顾个人卫生，乃至成瘾性依赖、多次文身、多次在身上穿孔。一如大多数心理问题，自我伤害也往往源于缺乏自尊。

我们接连不断地遇到一些难以应付的情况，并由此产生各种难受的感觉，我们会本能地寻求“缓解”。自我伤害行为满足了我们的渴望，它转移了我们的注意力并带来发泄感。凡事都不能一概而论，自我伤害的行为也并非总是“坏的”。不管怎样，它们都是在表达我们当时的一些情绪状态，也因此忽略了后果。

当然，有些自我伤害行为比其他形式的自我伤害更危险。因自我伤害入院的患者中 63% 是女性，事实上这种行为素来被认为具有“女性化”特质。我对所有与性别有关的心理健康统计，都多少存有一点怀疑（见本书“X 染色体”一章）。譬如，男性身上有种多半不会被报道也不会被认作自我伤害的现象。他们明知毫无胜算还是会与人肉搏，可见他们只是想感受疼痛而已。就算他们被揍进了医院，医院也不太可能认定这是一起自我伤害事件，哪怕事实就是如此。

不久之前，自我伤害还一直被称作“蓄意自我伤害”。第一个词最终废除不用是因其带有评判性，不利于唤起他人的同理心。“蓄意”意味着只要当事人愿意住手，他就可以停止自我伤害，与那些酗酒或吸毒的人没什么两样。

不过，我们有必要将那些常见的、多半无伤大雅的伤害行为（譬如工作不顺时的典型反应）和其他类型的自我伤害区分开来，后者往往是在有意识地进行自我伤害。我认为这其中的决定性因素在于是否带有自我惩罚的愿望。医学界并未把自我伤害单独列作一种心理疾病，而是视作由抑郁症、焦虑症、边缘型人格障碍或精神病引起的一种症状。

人们普遍认为，自我伤害是种寻求关注的方式，甚至在某种程度上还是种“潮流”——一种相当无害的叛逆方式，说是心理疾病，更像摇滚乐。但据我们所知，大部分自我伤害都是秘密进行的，隐藏在内疚与羞耻之中，足以驳斥这些诽谤。

自我伤害也不完全是青少年的专利，而且这种现象早在互联网出现之前就已存在（第一例我们今天所理解的自我伤害事件，据记载发生在 1909 年）。话虽如此，有些人担心自我伤害会“传染”也并非毫无道理。

《星期日泰晤士报》的一项调查显示，2013~2016 年间，英国 21 岁以下因饮食失调和自我伤害住院的患者翻了一倍。许多人将矛头直指社交媒体。我到访过一些自我伤害泛滥成灾的学校，我所能得出的结论是：如果你正处于情绪低谷（青少年常常如此），又知道自我伤害是可行的，那你动手的可能性将大大增加。而如果你并不知道还可以选择自我伤害，必然会另寻出路。

萨特维尔对自我伤害的看法别具一格，引发了很多争议，尤其在谈到她自己的亲身经历时更是如此。她说对她而言，自我伤害是为了活下去，这是她控制情绪的唯一方法，是种应对机制。她认为自我伤害不应该受到普遍的谴责，坚称“是自我伤害让我活到了今天”。萨特维尔自幼生活在家暴的环境中，是自我伤害让她熬了过来。她说，不解决她自我伤害背后的原因，就直接拿走她的应对机制才是最残忍的。

虽然很多人觉得难以接受，但科学研究却支持了萨特维尔的观点。如果一个人停止自我伤害，却又没有获得任何处理和应对心理痛苦的帮助，他们的自杀风险将显著提升。简而言之，他们仍处于极度痛苦之中，却又缺乏其他替代策略，最终只会走投无路。

而且我们还必须考虑到另一个令人不快的现实，决心自我伤害的人会不择手段。我到访过的一些寄宿学校为了防止学生自我伤害，禁止他们使用剃须刀片。但后来他们发现学生不惜冒着感染的风险，采用更危险、更不卫生的方式自我伤害，有一次还造成了动脉断裂。

我并不是说我们应该鼓励自我伤害，而是我们不应该把自我伤害与消遣时抽抽烟、喝喝酒混为一谈，认为它们都只是一种发泄方式而已。相反，我们应该致力于找出自我伤害的根源所在。

为何会自我伤害?

一次讨论会结束后，一个九年级的学生问了我一个闻所未闻的怪问题:“你能帮帮我吗?我不知道自己是不是在自我伤害。”我不免有些困惑，于是说了一句在这种情况下最顶用的话:“和我详细说说吧。”

原来这个小姑娘经常犯偏头痛。她母亲也这样，所以她很清楚这是什么毛病。她知道治疗这种偏头痛的唯一办法，就是躺在完全黑暗和安静的环境中，指望自己能睡过去。舍此别无他法。偏头痛发作起来会害她视线模糊、剧烈呕吐，甚至连水也吐得一干二净，所以也服不下止痛药。

学校的护士却不以为意，硬让她服了一些扑热息痛，然后在灯火通明的医务室里躺上20分钟，等待止痛药起效。这个学生深知不会有用，她恳求那个护士，但无济于事。

她告诉我:“我难过至极，没人知道我经受的一切。而且，我头痛欲裂。所以在医务室时，我开始用头撞墙。我很担心，因为那感觉竟然还不错……我自行制造的外部创伤，能让我从内在的痛苦中解脱出来。”

毫无疑问，这并非我们传统意义上理解的自我伤害，但绝对是个完美的隐喻。自我伤害的人常因无法表达他们的痛苦而深为难受，可能是找不到合适的情感词汇，也可能是无人可诉。在这种情况下，自我伤害就给他们献上了三份厚礼:转移注意力、自我表达(用萨特维尔的话说，自我伤害就像是在说“看!我就有这么痛苦!”)和分泌内啡肽(见本书“内啡肽”一章)。

虽然自我伤害起初是对情绪爆发做出的有意识的反应，但很快就会变成一种习惯（关于应对策略和习惯的养成，详见本书“自我护理”一章）。这时，自我伤害就可能成为对中性触发因素做出的无意识的反应，譬如对特定环境或是某个时段做出反应。到了这个地步，自我伤害就开始变得更像是种说不清道不明的冲动。

应对自我伤害的新手指南

只限于停止自我伤害而不解决根本问题是很危险的，而且自我伤害者可能在表达痛苦方面存在困难，我总结出的解决办法是帮他们找到一种更健康的方式，达到同样的转移注意力、自我表达和分泌内啡肽的目的。

运动就是个显而易见的范例。艺术、写作、音乐（欣赏或创作）、舞蹈、戏剧和冥想也是不错的选择。这些活动还可以让人融入新的团体。自我伤害的人（其实还有饮食失调的人）最高危的一个做法就是只与同病相怜的人混在一起，将原本有害的行为视若平常，而且还会为了维系友谊而坚持自我伤害。

国家自我伤害网和其他几个慈善机构及专家建议，用“安全”的方式来制造身体疼痛，比如手握冰块或者用皮筋弹自己。我一般不赞成这么做，因为我认为这和给海洛因成瘾者开美沙酮没什么两样——二者的

"缓解"效果截然不同，故而增加了患者故态复萌的可能。话虽如此，我还是要不厌其烦地强调人各有别，如果这个方法对你有效，那就用。

在谈及自我伤害时，我素来建议多关注"为何自我伤害"，少关注"如何自我伤害"。一来是因为上文提到的自我伤害具有传染的风险，二来是因为这样更有利于解决问题。

毕竟，正如萨特维尔告诉我的那样："自我伤害是种痛苦的症状。消除症状并不能治本。因此，如果你只注重阻止自我伤害的行为，无异于什么也没做。"

知己知彼

Knowing Me,
Knowing You

问卷诊断不是万能的

有次我坐在后排旁听一场全校大会，会议由地方议会的一位公务员主持召开。她明摆着一副不情不愿、可怜兮兮的样子，显然是在办公室抽中了下下签，被硬派来做这场围绕极端化的演讲。这是政府“预防”计划的一部分，这个计划（取决于你问的是谁）有的人认为非常明智，旨在尽早采取措施防止公民出现极端化倾向（并由此展开恐怖活动）。还有人认为这是一种似是而非的种族主义意识形态，鼓励公众仅凭虚无缥缈的怀疑就开始相互攻击。

这位公务员采用的演讲技巧是“和孩子们打成一片”，这种技巧相当常见但收效一般惨不忍睹。演讲头十分钟她有意用了些类似“太赞了”[1]和“大笑”[2]之类的流行短语，想让台下的青少年觉得她和他们是一伙儿的。在此我不得不顺带提一下：作为一个成年人，如果你需要面向青少年群体讲话，请记住，他们这个年龄段的人自带全人类最精准的谎话探测器。青少年能立刻揪出那些虚伪造作的痕迹，而且向来不惮于

[1] totes amaze , Totally Amazing 的缩写。——译注

[2] LOL , laughing out loud 的缩写。——译注

直接表现出他们的蔑视。因此，最好的办法就是做你自己。同时也请接受一个不争的事实，你真的搞不懂他们相互之间使用的那些流行语。

她在演讲中展示了一张幻灯片，上面列出了一些迹象，表明你的“哥们儿”（呕！）可能有极端化倾向，包括：

- 突然改变外形或穿衣风格
- 喜怒无常，性情孤僻
- 行为激进
- 形成与社会规范相悖的反常信念
- 长期沉迷网络
- 长期闭门不出
- 朋友圈子变化很快
- 有强烈的政治主张
- 突然对以前热衷之事失去兴趣

我看着这张列表心想，除了沉迷网络以外（因为直到我成年那会儿，都还处于拨号上网的时代），它描述的几乎就是我十几岁时的样子。回想中学时代，除了念书，我的生活大致还充斥着对生之不公抱持着不够理性的愤怒、堪比电视剧一样混乱的友谊、不断尝试新的时尚风格以及看什么都不顺眼。（有些人可能会说我现在也没怎么变。）

这张列表里的内容同样也有很大一部分适用于心理疾病。但凡想要将个人经历这样微妙、复杂和多面的事分门别类，制成检查表，就会出现这样的问题。虽然症状检查表可以非常有效地筛查看得见的身体疾病，但要将千差万别的个人情绪体验标准化，往往收效甚微。

全科医生和国家医疗服务体系的其他医务人员被推荐使用“优势与困难问卷”来诊断心理疾病。你可以在 sdqinfo.com 网上找到相关问卷。你可能以为医疗体系之所以使用该问卷，是因为它已被反复证明能最为准确地判断患者是否出现了抑郁及焦虑症状，但其实是因为这个问卷可以免费下载。

优势与困难问卷最初是由美国人编制的，它代表了人们旨在将抑郁症和其他心理疾病的诊断变得标准化的努力。这个目标无疑很明智，但可惜，远非万无一失。

在前面的章节中我提到了优势与困难问卷中的一个问题：“过去两周内，你是否多次对你一向喜欢的事物提不起兴趣？”选项有从不、很少、有时和经常。你可能已经意识到这种含混不清的问法存在多少潜在问题了。“你一向喜欢的事物”就是个模棱两可的概念。什么事物，巧克力、性生活还是羽毛球？

嗜睡、轻度倦怠和不怎么提得起干劲都属于人之常情。最终，填写优势与困难问卷的人必须要了解过临床上的抑郁症状，以此来衡量自己当前的情绪状态，才能让自己的回答具备医学上的参考价值。这就是问题所在。

有鉴于此，每当有人问我心理疾病有哪些迹象和症状时，我都很谨慎。

我完全理解亲人出现心理健康问题时，我们是何等伤心。我也理解只有给某些东西清清楚楚地贴上标签，确定它究竟是什么，才不会那么可怕。我理解我们急需确认我们所爱之人的痛苦不仅有切实可行的解决办法，而且也不是我们造成的。可我不能昧着良心告诉你，只要依据我在书中列出的这些迹象和症状自我诊断，你的问题都能迎刃而解。

虽然我大可轻轻松松地翻开几本在书架上积灰的教科书，把各种易感因素统统搬出来，具备这些因素的人在统计上更有可能出现心理健康问题。但我发现实际生活中有太多例外，以至于这些条条框框基本都过时了。

除此，这样做还可能导致另一个令人不快的后果，即造成自责和内疚。例如，单亲家庭是儿童出现心理健康问题的潜在易感因素。这不禁让我思考，对此我们究竟该怎么做才好？很少有父母是自愿成为单身的，大多数人都在现有的选择和资源面前，尽到了最大努力。

如果你是个老师，或许认为能鉴别出学生中罹患心理疾病的高风险人群，将有助于你的工作，这个观点倒也有些道理。然而，2015 年青年专责委员会[1]发布的心理健康报告中有项建议也值得注意，该报告的部分编者正是一些深受心理疾病影响的年轻人。委员会在议会上提出他们的主张时表示，如果他们能让教育系统做出一个改变，那他们会选择让所有老师都意识到，每一个学生都有可能患上心理疾病。这让我意识到，一味关注易感因素可能会让我们忽视那些不具备这些因素的人，忽视他们的心理健康问题。

譬如，从统计数据上看，收入较低的人群更有可能患上心理疾病。于是每次我受邀前往一所富裕的私立学校时，路上都不得不和出租车司

[1] 各种专责委员会都是英国政治体系的一部分。专责委员会几乎覆盖英国所有主要的国家职能部门，具有广泛的职权范围，并有权在委员会认为合适的时候任命相关领域内的专家顾问。——译注

机掰扯一番，他们总以为“这里的孩子都高枕无忧着呢”。然而，根据我的经验，心理疾病面前人人平等，谁都可能中招。没错，社会不平等当然无益于心理健康，贫穷会减少你获得充足且及时的治疗的机会，但这并不意味着生活富足的人就永远不会有心理问题。不同的人群痛苦的表现形式不一，但归根结底，仍是痛苦。

我们最常从自杀者的亲友那儿听到的一句话是“我们一无所知”，特别是当自杀者是男性时更是如此。他们生前拼命掩盖或否认自觉羞耻的心理疾病，所以他们的死亡也就让人觉得猝不及防。你会从家属那儿听到的第二句话是，“他是最不可能自杀的人”——许是为了隐藏自己的真实感受，许是为了用酒精和药物自我麻痹获得表面上的化学快乐，自杀者因过度补偿，成了大家印象中的派对达人。在这种情况下，搜寻他不开心的蛛丝马迹，一如手脚并用地趴在地毯上找硬币，注定徒劳无功。而反过来，假设每一个在派对上玩得很尽兴的人都有自杀风险，也同样荒唐可笑。

李·洛夫莱斯是我的培训老师，督导我拿到了心理健康急救导师的资质。他总说“你要关心的只有眼前的这个人”，这是个很睿智的出发点。如果你埋头看电子症状表，你就没有关注“此时此刻”，可能会漏掉一些东西。虽然了解本书其他章节讲解的那些心理健康问题的本质很有必要，但最好的办法还是把这些信息装进脑子里，好好和身边人交流。

患者的主观感受最重要

一如本书开篇所言，不论是对自己还是对他人，我们向来要等到出了问题才开始注重心理健康。自我护理的技巧多用于亡羊补牢而非未雨绸缪。同样地，只有当我们怀疑朋友、伴侣或同事患上了焦虑症或抑郁症时，我们才会思考能为他们做点什么。

我曾在一次会议上和一名僧侣聊了聊（就像大家都会做的那样），他说生活犹如滑雪。那些微小得几乎看不见的平衡控制，左右着我们前进的方向。现实生活中很少有非此即彼的十字路口供我们选择。真正推动我们的是成千上万个看似微不足道的行动和决定，让我们不可避免地走到了今天。

众所周知，心理疾病越早发现越好治疗。而像“这到底是心理疾病还是更年期荷尔蒙作祟？”这种问题，无异于避重就轻。只管顾及你面前的这个人和他表现出来的痛苦就好。如果他流露出来的真是心理疾病的早期征兆，你可能已经帮他走上了康复之路。如果不是，你也让他今天好过了一些。无论怎样都很有价值。

依据当今的社会文化，有些人总爱劝别人振作起来，说他们是“玻璃心”，告诉他们世界是不会改变的，你最好适应。这些人传达出来的信息是，生活的残酷和快节奏永远不会改变，上天只会青睐那些勇于面对的人，别再怨天尤人了，总有人过得比你还惨。

但试想如果我们把个人的心理痛苦视作社会的责任；试想如果我们承认多数情况下个体之所以会崩溃是因为环境太糟了；试想如果我们真

正拿出时间聆听彼此的心声，努力寻找创造性地解决心理健康问题的办法，不再没完没了地贴标签确诊、确诊后开药、吃药后变得麻木，然后麻木地坚持下去，那将是一个怎样的世界。

我给员工做企业培训时，有时会遇到那种明显是被强行抓来的员工代表，坐在那儿一脸不高兴。他们往往会问："怎么现在的人突然就心理有毛病了？我爸还打过仗呢，他和他的战友全都好得很。"要不然就是看到统计数据显示英国青少年一直在《全球幸福指数报告》中垫底时，他们会说，"现在的小孩简直不知道自己是谁了。"每每此时，我都会讲波黑（波斯尼亚和黑塞哥维那）的兔子的故事……

我的一个朋友出生在波黑，内战期间她作为难民来到英国，年仅八岁。为了逃亡，她父亲不得不带着一家子偷偷溜出国境，一路千难万险。她看到了很多一个人（至少是一个孩子）不应该看到的东西——她说她目睹了"一个男人的头被炸得稀烂"。

不出所料，她来到英国时已留有心理创伤，一家人定居于英格兰北部。上学第一天，她看见一个女孩在操场上哭泣。我朋友以为她一定出了什么大事，就走过去问她怎么了。

最终，那个女孩哽咽着说出了她伤心的缘故——她养的兔子那天早上死掉了。我朋友觉得难以置信，一个小毛球寿终正寝了也值得这么伤心？她说："我们波黑人会吃兔子。"说完就走开了，嘴里还发出不屑的声音。

又过了 20 年，我朋友才意识到不论迄今为止你经历过的最悲惨的事是大是小，都是你迄今经历过的最为悲惨的事。首次经历如此情形时，你所感受到的悲伤永远是种前所未有的悲伤。我朋友当时见过的最惨的事是一个男人被炸掉了头，故而在她看来，为一只兔子哭泣未免太蠢了。然而，很有可能这两个女孩其实是同等的伤心。

重要的不是创伤事件的客观意义，而是当事人对此的感受。伤感就是伤感，痛苦就是痛苦，悲哀就是悲哀。如果说只有碰上了最糟糕的情况我们才能多愁善感的话，那么谁也不会有任何感情。毕竟，总有人比你惨。

若身边人有心理问题，你能做什么？

如果你的亲友突发心脏病，你不会立刻大吼一声“拿手术刀来！”，然后就在餐桌上开始做心脏手术。同理，你身边有人出现了心理健康问题，并不意味着你有资格去解决。

就算你是有史以来最天赋异禀的心理学家（若真如此，很荣幸你在读我的书，谢谢），但你也无法治疗自己身边亲近的人。你们之间存在利益冲突。这就是为什么心理治疗师需遵守与来访者保持情感距离这一铁则（见本书“治疗”一章）。

但并不是说你作为朋友、同事和家人，就不能提供有价值的支持。想想看如果对方是身体抱恙，一般你会怎么做，依样画葫芦就好。时常联系，发发短信，不过要是没有收到回复也别生气。他们想聊什么，就和他们说什么。譬如接受化疗的人有时想说说化疗有多难受，有时只想你来我往地引用《窥视秀》里的台词，好觉得自己仍然是个正常人。你也可以用同样的方式，让对方想起远离心理疾病困扰的宝贵生活。

使用非评判性倾听技巧（见本书“非评判性倾听”一章）。如果对方存在心理问题，尽量别把他不善交际的反应和行为放在心上，克制住日后想跟他算总账的冲动——他很可能只是因为生病了才这样。

你可以让他分散分散注意力，带他出去玩，让他感受到爱，这些都和吃药一样重要。

假设你走在路上，突然听到有人求救。你四下搜寻，发现有人被困在一个很深的洞里。他掉得太深了，你根本拉不出来。这时你会怎么做？

也许你会让他知道你在外面，跟他说话，向他保证你一定会想尽办法救他出来。

也许你会扔点东西下去——水、巧克力饼干、绳子。

也许你会拨打紧急救援电话。

所有这些答案都可行。

现在再想象一下，在这种情况下，什么行为最于事无补。很多人回答说最于事无补的就是见死不救，继续走自己的路。这确实毫无助益，但严格说来还不算最于事无补的。

此时，你能做出的最于事无补的行为就是自己也跳进去。如此一来，困在洞里待援的人又多了一个。同理，哪怕我们身边有人正在受苦，我们也必须将自己的心理健康放在第一位。腾出时间来顾及自己并不自私（见本书“自我护理”一章），这是帮助他人的基本要素。自己都困在洞里的人，当不了别人的救星。

经常有人跟我说，我发自肺腑的关心，能自然而然地鼓励他们向我敞开心扉谈谈自己的心理健康问题。我确实如此，确实对他们的问题感兴趣，不是为了我自己。我不会咬牙切齿地揪着自己的头发，自以为效仿他们的痛苦，就能让我显得更高尚、更富有同情心。我很清楚他们的痛苦——是他们的。

上面这段话看似有些冷酷无情，但实则恰恰相反。记得当我被心理疾病困扰时，给周围人造成麻烦的那种愧疚感，一直是我痛苦的来源之一。每每亲眼看到我的情绪或行为给我的亲友造成了伤害，我就更不是滋味了。我听过的最难受的一句话是“你这么做，替我想过吗？”。有时，我满脑子想的都是这件事，可哪怕我竭尽所能地为别人着想，我也无法“振作起来”。

没错，我们的确想要营造一个充满同理心和同情心的环境，但能游刃有余地处理好自己的问题的人，才更有可能去同情别人。

最重要的是，我们应该争取每天都发挥我们的同理心，别等到有人已经掉入洞中后才采取行动。

低落

Low

抑郁与悲伤不同

我写这一章时，恰逢星期天。我们家的星期天总是很难熬。因为星期天是传统意义上的休息日，换言之，这一天我可以无拘无束、心无旁骛地挑战我这颗焦虑的大脑的底线。于是我总不得不一整天都提防着恐慌发作，而且还正赶上我丈夫几乎每周一次的“忧郁”。

他的忧郁并非因“周末结束，周一又要上班”而起，不是那种不痛不痒的厌烦感。每到星期天，马库斯就开始质疑存在的意义。除非我们迅速介入，阻止忧郁蔓延，否则它将吞噬一切。星期天，马库斯会整天躺在床上，像奥斯汀笔下的女主角一样，忍受着剧烈的偏头痛，甚至连《星球大战》电影和一大袋倒进黑武士零食碗里的腌洋葱味玉米圈也无法吸引他（这相当反常）。

我们首次约会时，马库斯告诉我的关于他自己的第一件事就是他有抑郁症病史。从他记事起，抑郁症就一直纠缠着他。他很快向我坦言，他的抑郁没有什么具体原因。他的童年很幸福，备受关爱与呵护，说不出遭遇过什么特别的创伤。他想让我知道，他的轻度抑郁会定期发作而且无药可治，如果我们要在一起，我也得面对。

我像个大傻子似的，心想：“这正是我的专长！我每天说的写的都是心理健康！这点问题岂不是手到擒来！”我当时还不知道一个人与你越亲密，你越爱他，就越难客观地看待他的心理疾病。

与寻常的观念相反，抑郁并不会让马库斯陷入典型的“悲伤”之中。大多数情况下，他只是缺乏热情、乐观和活力，想法有点厌世，看谁都不顺眼，但也还不至于会挂在嘴上。在最糟糕的情况下，马库斯会冲我发脾气。如果我也恰好特别焦虑或敏感，我们两个就会一起堕入不可自拔的绝望旋涡之中——马库斯原已万分沉重的负面情绪中更添一重负疚感，而我则在角落里大口大口地过度换气。

马库斯是个音乐家，我们“夫妻性格组合”的特点是喜欢交流些愚蠢的、边缘化的哲学话题，讲些只有我们才觉得好笑的冷笑话，模仿各种口音和名流以及都很热爱古典摇滚乐。在朋友们看来马库斯和我似乎都很好相处，大家在一起很开心。和许多人一样，我们的心理健康问题也是关起门来自己解决。不过，好在我们无须相互隐瞒。

两个人共同面对抑郁症，是个循序渐进的过程。在我俩状态都不错时，我们详细地谈论过这个问题。我渐渐明白有时马库斯是真想一个人静一静，而我再怎么花心思地泡茶，把好吃的零食倒进星球大战的碗里，或是在他眼前半裸着身子胡乱跳舞都无济于事。他不是对我有什么意见。哪怕我集奈洁拉·劳森[1]和吉赛尔·邦辰[2]于一体，浑身上下只穿一条皮革丁字裤给他做珍馐美馔，也无法改善他的心情。

我们已经设立了一些预防措施，有时足以避免他的周日忧郁。我们

[1] Nigella Lawson，英国电视名厨，外形美艳，素有“厨房女神”的美称。——译注

[2] Giselle Budchen，享誉世界的超级名模，曾是世界上身价最高的模特。——译注

在合理的时间起床，不会懒洋洋地赖床不起，因为睡太久正是马库斯抑郁发作的一大诱因。我们去附近的公园散步，想从一如今早那般微弱的冬日中吸取一些重要的维生素 D。我们买些拿铁（他那杯无咖啡因）和松饼，看着一只只宠物狗走过我们跟前，畅想着有朝一日我们也要养上一只。而后我们去逛肉铺，我强忍着恶心，马库斯则对着满铺子的生肉垂涎三尺，兴致勃勃地和柜台后面那个非常友善的伙计讨论烤肉技巧。这套办法很简单，但能确保我们走出家门，做点运动，呼吸下新鲜空气（就伦敦的标准而言），关注诸如养狗和烤鸡之类的充满希望和快乐的事。半数的星期天，这套做法都足以将我俩的心情提振到差不多“正常”的水平。

马库斯的抑郁症并非只在星期天发作——每年有那么三四次会持续好几天，这种情况通常都发生在冬季。虽然相当搅扰生活，但在医生看来这只是“轻度至中度”抑郁，我们已经经历过多次，深知它终会过去。我从未问过马库斯“为什么会这样”，但我曾听他跟人提起过“这就是他的一部分”。纵然偶尔焦虑与抑郁齐发时会搞得涕泗横流（我）、骂骂咧咧（他），但我不认为这是我俩谁的错，就好比马库斯患有糖尿病，而我背上有毛病也同样怪不了谁。不错，这些事是很麻烦，但你不能否认问题的存在，指望问题自行消失，或是责备患病之人。

虽然抑郁与焦虑并存在临床诊断上很常见，但二者本质上截然不同。长期焦虑会造成抑郁，因为肾上腺素和皮质醇会破坏我们身心两方面的防御机制（见本书“焦虑”一章），但我认为我并未出现过任何与马库斯的抑郁直接相关的症状。

我被诊断出有“情绪低落”的症状，这种情况会持续一小段时间，我也不止一次地动过自杀的念头，但每次让我走到那一步的其实主要是内心的挫败感和愤怒感（再加上长久以来始终背负着这种挫败与愤怒所产生的厌倦感）。马库斯的病根则一直都出在“厌倦”上——他没精打采、悲观消极，活像屹耳[1]一样。抑郁犹如一张灭火毯，扑灭了他的生活乐趣。我的心理健康状况糟得一塌糊涂时，心里反而震荡着一股莫名其妙的负面精力。我的心理治疗师曾解释说，这是因为过剩的神经能量转向了内在，侵蚀并摧毁了自我。

抑郁症包含大量症状，所有这些症状都有不同的特征和诱因。而且抑郁症和所有心理疾病一样，都是一个连续谱，最极端的端点是自杀意念或自杀行为。虽然抑郁并不一定导致自杀，但据估计 90% 记录在案的自杀案例都是未经诊治的抑郁症导致的，因此解决抑郁症才是重中之重。

“抑郁”在日常用语中，已成为一种夸张地表达悲伤的方式。例如，在《BJ 单身日记 2：理性边缘》中，主角分手后，她的母亲问她为何说好了一起去购物却又没有来，她答说：“我抑郁得想死。”

剧中人听到这话，很清楚主角是在夸大其词，不是动真格的。同样，观众也是这么理解的，别忘了《BJ 单身日记》可是部浪漫喜剧。要是有谁觉得女主角布雷吉特·琼斯是真要自杀，应该立马叫救护车，那这部片子恐怕要完全变味了。

我绝不是在建议我们应该禁止这种夸张的说法，也不是说我自己从没这么说过。但蕾妮·齐薇格在一部浪漫轻喜剧中因无法再同科林·费

[1] 动画片《小熊维尼》中的角色，是头十分悲观的灰色小毛驴。——译注

尔斯[1]上床而说自己“抑郁得想死”，带偏了这句话的意思，确实让那些真正“抑郁得想死”的人找不到合适的说法来表达他们的状况。

《精神疾病诊断与统计手册》收录“悲伤”时，引起了一些惊愕（完全合乎情理）。悲伤本身并不是种心理疾病，但它可以是一个诱因，一种催化剂。不过倘若你爱的人摆脱了尘世牵绊西去了，你悲伤至极是很正常的，甚而还有益身心健康。

相反，抑郁症通常与环境无关。并不是说祸事不会降临到抑郁患者的头上，而是说他们情绪状态的起伏并非是对外界刺激的直接反应。

很多人都跟我说抑郁好似麻木——完全没有任何感觉。抑郁的人往往很希望能哭出来，因为要哭出来就必须先要有所触动、有所感觉，是难能可贵的喘息之机。长期抑郁之所以让人难以忍受，正是由于情感的缺失。

你不太可能听到一个抑郁患者长篇大论地发表万念俱灰的诗歌独白，你更可能听到他说自己一无是处，活着“没有意义”。抑郁患者通常会有一种疏离感和孤独感，仿佛他们和世界之间有一道无形的屏障。我有个朋友得了抑郁症，她的伴侣告诉我，他觉得她好像在一块厚厚的玻璃后面，无从接近。

从医学上讲，患者“情绪低落”超过两周就可以下抑郁诊断，虽然一般鲜有例外，但也不排除有的患者症状严重且“突然发病”。在英国，四分之一的女性和十分之一的男性至少得过一次抑郁，并曾为此寻

[1] 科林·费尔斯（Colin Firth），蕾妮·齐薇格（Renee Zellweger），二人分饰《BJ 单身日记》的男女主角。——译注

求治疗。(为什么这一统计数据中存在性别差异，参见本书“X 染色体”一章)。

虽然抑郁通常没有明确的“原因”，但确实约有十分之一初为人母的女性会陷入抑郁。有很多理论都在解释为什么会出现这种现象，包括激素水平的波动、分娩创伤、新生儿的降临打乱了原有生活。产后抑郁症会持续数周，有时甚至数月，通常还会伴随着与婴儿缺乏情感联系的焦虑以及担心伤害到孩子的想法。可想而知，这往往会导致内疚和羞愧。而所谓的“宝宝忧郁”和产后抑郁完全是两码事，前者更常见。要我说，怀胎九个多月，再用力将其推出阴道，如果这样你都不觉得疲惫不堪，为此掉几滴眼泪，不是反倒有点奇怪吗?

另一种常见的反应性抑郁是季节性情感障碍(SAD)。季节性情感障碍很像强迫症，每个人都觉得自己好像“有点”症状，但与强迫症不同的是，这回可能是真的。气候寒冷、日照稀少的国家，抑郁症的患病率和自杀率都要高得多。缺乏维生素 D 会造成很多不良影响，其中就包括极度嗜睡，而嗜睡正是抑郁的症状之一。季节性情感障碍也是最近才被《精神疾病诊断与统计手册》收录，同样引发了一些争议。

据说，有潜在抑郁倾向的人在冬季更可能抑郁发作或者抑郁加重。如果一个人的抑郁症反复发作超过三年，而且具有“抑郁发作受季节变化影响”的特点，往往就会被医生诊断为季节性情感障碍。

抑郁症究竟具有哪些特点，专家仍争论不休。尽管抑郁症是最常见的心理疾病，但我发现我们对它知之甚少，几乎没有详尽的信息说得清它到底是怎么一回事。我们似乎普遍认为“等你得了，你就知道了”。我经常跟人说，心理疾病与心理问题之间的界限在于是否影响机能。然而，很多抑郁患者都会起床、上班，无论怎么看似乎都很“正常”。但他们其实投入了大量的时间精力去效仿那些合群、开朗的行为，这些行为与他们内心的感受完全背道而驰。

总之，我们可以看到关于抑郁症仍存在几点初步的共识。抑郁症通常不是对创伤或悲剧事件做出的合理而及时的反应。抑郁症的特点是情感缺失，而非情绪唤醒。抑郁症的持续时间一般超过两周。但我在写这篇文章时已然知道，之后定会有读者来信表示，这些模糊的参考标准与他们的亲身经历不符。

应对情绪低落的新手指南

有人说抑郁是知识与智慧带来的不可避免的副作用。我能理解这个观点的逻辑。现如今，我们的信仰越来越世俗化，科学“证明”地球上的生命只是浩瀚无垠、深不可测的宇宙中的一个意外，以无意义感为代表的抑郁症便在所难免。

可这并不意味着我们只能逆来顺受。只是一如抑郁症那不甚严密的定义，对抗抑郁症的建议似乎也有无用之嫌。虽然运动在治疗轻度至中度抑郁症方面，经证实与药物治疗一样有效（见本书“内啡肽”一章），但实际上最好还是将运动作为一种预防或保持心理健康的措施。理论上见见朋友、呼吸新鲜空气和跑步的效果都不错，但对大多数重度抑郁患者来说，要他们出门散个步难如登天。

我担任《东方日报》心理健康特刊的客座编辑时，我的一个记者朋友罗茜·穆伦德为我负责的栏目写过一篇专栏文章。我的关注点并不在于心理疾病中最可怕、最极端的方面（譬如患者多么形销骨立、自我伤害行为多么严重），而是想请投稿人谈谈有哪些改善之道。我认为这点对读者更有用。

罗茜的文章主要讲述的是人们对抗抑郁药的误解。当她觉得自己可能得了抑郁症时，她害怕去看全科医生，因为她认为"哪怕药物治疗有效，吃了药你也不再是你自己了"。而当她终于开始接受药物治疗后，她说那感觉就像"一块落满灰尘的布终于被掀开了一角，而我还是我，就在那块布的下面"。

这就是抑郁症——和所有心理疾病一样，它会吞噬我们的自我，直到你再也搞不清楚自己究竟是谁。

抑郁症是最常见的心理疾病，但同时也是最不招人同情和最惹人非议的心理疾病。尤其是在英国，我们引以为豪的是"保持冷静，继续前行"[1]这种咬紧牙关、不动声色的心态。我们似乎一直误以为，能在"一战""二战"那种恐怖的环境下保持这种心态，就意味着"我们从不曾产生任何心理健康问题"。我不便在本书中花大篇幅细述，人们在战争中势必存在的心理健康问题究竟有多严重。

抑郁症常被误认为是"自怨自艾"，往往听到别人要他们"振作起

[1] keep calm and carry on，1939 年第二次世界大战时，英国政府为鼓舞民众士气而制作的海报的宣传语。——译注

来”。事实上，马库斯告诉我，他抑郁时，有个小小的自己会围着他打转，大喊大叫地说着同样的话。

如果抑郁患者能够“振作起来”，他们一定会。“保持冷静，继续前行”在很久以前或许的确是种行之有效的策略——我也不敢肯定，毕竟那时我还没出生。但如今时过境迁，我们对世界的认识和我们所面临的挑战都大不相同。我们现在知道，抑郁症越早发现，越清楚诱因，就越好治疗。

抑郁最大的敌人是否认。

当痛苦超过用于应对痛苦的资源时，个体就会自杀。而抑郁时，哪怕是最基本的日常活动也需要消耗大量的能量，所以如此多的抑郁患者自杀身亡也就不足为奇了。

首先我们要知道，“如果能就此睡去再不醒来，那该多好”这种转瞬即逝的想法，虽然可以视作抑郁的一个指标，但未必会导致自杀。所谓的“自杀意念”相当常见，我接触过的许多心理学家都说有这种想法再正常不过。

这就是为什么如果你怀疑你认识的人有自杀倾向，一定要遵循一套直截了当的询问方式。我参加过也开办过大量的自杀预防培训，在场的人对于遵循这一询问方针，每次都存在分歧和阻力。然而，要知道撒玛利亚会是英国首屈一指的自杀预防慈善机构，他们经过广泛的研究和咨询，方才给出了如下推荐：

- 直截了当地问“你有没有想过自杀？”
- 问“你想过要如何自杀吗？”

- 问“你想过在何时何地自杀吗？”

只要你严格遵循以上步骤，恪守界限，是不可能“诱使某人”产生自杀之念的。

如果以上三个问题的答案都是“是”，那么这个人就有直接的自杀风险，不能放任他独处，要立即拨打急救热线。如果只有一个或一到两个问题的回答是“是”，那么这个人可能还没到岌岌可危的地步，但很可能患有抑郁症。这时非评判性倾听就该派上用场了（见本书“非评判性倾听”一章）。

媒体

Media

媒体有时会制造焦虑

警告：在提笔写这章之前，我刚度过了愚不可及的一天。

简要言之，我无意中掀起了一场媒体风波，因为有人说我建议废除“男孩”和“女孩”这两个词（我没说过）。每家小报都争相报道，皮尔斯·摩根[1]在《早安，英国》节目中花了整整五分钟把我批得体无完肤。于是我接受了《今天早晨》栏目组的邀请，上节目“为我的行为辩护”，节目播出后我的收件箱一下子就被挤爆了。其中50%是那些真正看过采访的人发来的支持信，另外50%则是那些没有看过采访的人发来的死亡威胁。

我这个人很有主见。正如我常说的，我无意告诉别人该怎么思考，我只是想让他们思考而已。事实上，身为一名社会活动家，我认为说出自己的见解，去做那只危险的出头鸟是我工作至关重要的一部分。不过依照过去的经验这么做还是有些问题的，因为我自己也是个焦虑症患者。我不知道人们是否真能彼此尊重地交流，承认相互之间存在细微而

[1] Piers Morgan，英国籍主持人、电视名人，自2011年起开始主持CNN脱口秀节目《皮尔斯·摩根今夜秀》，社评机智犀利，还曾担任《美国达人》《英国达人》等选秀节目的评审。——译注

合理的意识形态差别，但我知道在当今这个社交媒体时代，我们通常做不到。

生活在这样一个时代，我经常将作为普通人的娜塔莎·德文与作为社会活动家的娜塔莎·德文分割开来。前者只是一个妻子、女儿、姊妹、朋友和“好盒子”（见本书“满不在乎”一章中对“好盒子心理”的解释）；而后者则是一个公众人物，工作性质中存在不招人待见的一面，因此不得不忍受推特网友、权威专家和专栏作家的愤怒与谩骂。于是，普通人娜塔莎和活动家娜塔莎就有了如下对话：

> 普通人：报纸歪曲了我的话！
>
> 活动家：媒体的工作有时就是这样。寻找不同的切入点而已。并不是针对你。
>
> 普通人：但就因为他们乱写，搞得我现在人人喊打！
>
> 活动家：你言过其实了吧？是有些人在油管评论区里侮辱你来找乐子，但你喜欢的其他好些人他们也照骂不误。有些人还在网上骂碧昂丝呢，那可是碧昂丝啊！既然世上有人认为碧昂丝算不上奇迹，那么就会有人不喜欢你。虽然我很爱你，但我们都得承认，你可没碧昂丝那么了不起。
>
> 普通人：你说得有道理。
>
> 活动家：事到如今，你从这次的经历中学到了什么？还有更重要的是，你能从活动家娜塔莎·德文愈发荒唐的人生故事中，汲取什么经验教训传授给他人？

成功地避免焦虑发作后，我就会开始写作。有时我会把我的想法写进《泰晤士报·教育副刊》的专栏里；有时我会把这些经历变成演讲中的趣闻逸事；有时我只是把我的一天记录下来而已，犹如日记。将想法诉诸笔端，不仅具有治疗意义（见本书“自我护理”一章），还能帮助我了解并深化这些想法。

所以，各位读者，在此我将对今天发生的事做出解释，希望它能成为一个对你我都有帮助的练习。但愿能借此让你了解一下媒体的运作方式和他们是如何不断地操纵新闻故事，进而影响你的心理健康的。

昨天，我在英国女校协会的年会上做了专题演讲。全球数百家只招女生的教育机构的校长在此集聚一堂，交流思想。

在长达一个多小时的演讲中，我谈到了方方面面的内容，其中一些本书也有涉及——社交媒体、如何在课堂上培养孩子的批判性思维、儿童面对学业压力有哪些健康的应对策略、如何不加批判地倾听学生的烦恼。这期间，我大约花了五分钟，谈论了一下性取向、性别及二者与心理健康的关系。我当时论述的主旨是：

- 归属感是人类五大基本心理需求之一。
- 我们对性别、性取向和身份认同做出一概而论的笼统假设时，也就创造了相应的文化，使得那些偏离既定性别原型的人觉得自己被排除在群体之外了，因此他们的归属需求便得不到满足。
- 为避免这种情况，教育工作者可以采用的一种方法是在面向学生群体讲话时，使用性别中立的语言。

有几所学校早已这么做了。他们往往要求演讲者将不同年级的孩子统称为“学生”，而不是“女生”或“女士”，因为他们希望能尽可能地增强包容性。我认为这个做法非常值得称道，在座的500余名代表也无人提出异议。

下台后，大会的新闻发布官问我能否让在场的几位记者做个简短的采访。其中一人问道：“你说老师不应该使用性别代名词，以免冒犯跨性别儿童，对此能请你再详细说说吗？”

我显然不是这个意思，但我看得出她问话的用意。所以我决定试着强调使用中性用语对所有年轻人都有好处，并不是为了跨性别人群着想，才不得不勉为其难做出让步。我谈到了性别原型是如何给人造成压迫的，就此酿下大错。我说的那句话翌日便荣登全国各大报纸的头条——“我认为在学习环境中，不断让孩子注意到自己的性别毫无用处。”

不出两小时，相关文章就开始出现在网络上，而且标题越传越离谱。我临睡前看到的最后一个标题是，“政府专员命令教师别用‘女孩’一词，因其会让学生注意到自己的性别”。

今天早上，我醒来时发现有28通未接来电，全是各路媒体打来的，想要做独家专访。这个事几乎登上了全国所有畅销报纸的前五页。

文章的标题都相当醒目，诸如“政府顾问称我们应该禁止说男孩女孩”，底下还附有洋洋洒洒的800字文章。写评论文章的作者推测我是“英国变性游说组织”的一员，企图“强迫孩子质疑他们的性取向”，从而“剥夺孩子的天真烂漫”。一份基督教刊物甚至含沙射影地说我是在替撒旦讲话，应该被当作女巫烧死，这个角度还真是有趣。

而我真正担心的是：接下来几个月，但凡有人在酒吧或办公室里提起我的名字，立马就会有人接话：“不就是她说我们不该再说男孩女孩的吗？蠢货一个！绝对是追求政治正确[1]走火入魔了！做个男孩女孩有什么错！”

简而言之，尽管媒体在提高人们的心理健康意识方面做出了巨大贡献，但却像这样终结了一些很有必要的复杂对话，这些对话原本能加深我们对心理健康的认知。

这件事让我认识到，每一个新闻故事背后都有一个不为人知的背景，或因字数限制未能尽道，也或许是蓄意删节掉了。

当然，这并不是我第一次被媒体耍得团团转，经验告诉我，时间能让人换个角度看问题。总有一天，我会和我所爱的人围坐餐桌旁，温情地说：“还记得那场‘皮尔斯·摩根性别风波’吗？他们还威胁说要把我当女巫烧死，太逗了。”但在那天到来以前，活动家娜塔莎·德文始终是愤怒的。

[1] 欧美所说的政治正确并非指官方的意识形态，而是指个人或机构对于自己的思想、言语或行为应当谨言慎行，避免冒犯社会弱势群体，消除对他们的歧视。——译注

面对媒体的新手指南

人类最强烈、最容易唤起的两种情绪是恐惧和愤怒。为了制造头条，追求现代社会中最能变现的网络点击量，媒体往往不惜利用人类这类相当基础而且通常无甚助益的本能。

在这个到处都充斥着新闻的世界里，新闻频道、新闻网站、发布新闻内容的社交媒体账号全都 24 小时滚动播报，不断地引发我们的恐惧与愤怒。可能使得我们一直处于战斗、逃跑或僵直状态，进而引起焦虑和恐慌（见本书“焦虑”一章）。

下次你再受到诱惑想点击进去看看时，先问问自己，读这篇文章是不是真的有用？毋庸置疑，我们有必要保持消息灵通。一些颇有权势的公众人物会故意发布挑起民愤的煽动性言论，他们的政治权力使得他们的观点举足轻重，我们了解一下也很有用。美国总统特朗普就是个很好的例子。但了解某些唯恐天下不乱的另类右翼分子对移民的看法，真的能改善你的生活、才学、见识、健康或是与他人的关系吗？答案不应该由我来告诉你，我相信你自有答案。

羞耻的侧边栏[1]，用大写字母突出的那些耸人听闻、胡说八道的标题，还有处心积虑断章取义的引文，所有这些都让我们惊慌、恐惧和愤怒。这就是为什么你一打开某些报纸或网站，总觉得它们在冲你大吼大

[1] 指每日邮报网在网页右侧专门设立的一个侧边栏，滚动的内容是些明星八卦，选用的封面图多是衣着暴露的明星照片，以此吸人眼球，栏目内容没有营养但很受读者欢迎。——译注

叫。唯有一颗强大的禅心，才能让你毫发无损地全身而退。

但是，作为数字时代的媒体消费者，我们有能力改变这种情况。我们每点开一个媒体的页面，就是为它投了一票，就是在对追踪用户活动和点击量的隐形算法说“请再多推点类似内容”。点击量最高的网站就会获得丰厚的广告收益，从而可以雇佣更多员工来生产迎合消费者喜好的内容。我们可以通过点击、分享和购买行为（如果可以购买的话），尽自己的一份力让那些中立而负责的观点在网络上存活下去。

对于心理健康，媒体肩负重任

心理疾病本质上几乎是种看不见的疾病，而媒体本质上几乎是个视觉化的行业。心理疾病相当复杂，很少是由单一因素导致的。而媒体为了追求娱乐价值，往往将话题变得二元化，用含糊其词的愚蠢假设来引发论战。如何调和二者便成了一个难以驾驭的棘手问题。

观赏那些精心制作的纪录片逐步解构和审视复杂的主题，譬如 BBC 二台播出的《为何疯狂》，该片研究了精神病与移民之间的关联；或是收听布莱妮·戈登主持的播客节目《疯狂世界》；或是阅读《地铁报》网站健康栏目定期刊出的文笔优美的第一手报道，都会让我重新相信我们是可以负责任地描绘和报道心理疾病的。而看到整整两版号称“揭秘”厌食症的“前后对比照”；或是有评论文章说游手好闲的新一代“假装”患有心理疾病骗取社会福利；或是“蛋糕治愈了我的抑郁症！”这样的标题，我的信心就会动摇。

媒体究竟是“美化”了心理疾病，还是“污名化”了心理疾病，围绕这个问题的争论始终莫衷一是。一些人认为，名人轮番上阵无休止地谈论他们的心理斗争是种令人不齿的伎俩，只为在专栏占据一席之地，致使真正患有这些疾病的人的痛苦被低估了。另一些人则认为，知道一个生活得看似成功而风光的人——譬如菲妮·科顿[1]——也被心理疾病困扰，会让他们觉得自己不那么孤独、不那么一无是处了。

我在其他章节中（尤其是本书“强迫性动力”一章）探讨了将心理疾病正常化与美化之间的界限。重要的是，名人有助于让心理健康话题进入大众传媒的视野，提高公众的心理健康意识。话虽如此，但如若不能抱以同情和中立的态度，提高心理健康意识也可能弊大于利。

我相信我们正在取得进展。我也知道，当公众对心理健康的理解和认知都在发生重大转变时，出错在所难免。对此，媒体肩负重任。媒体需要帮助人们认识到我们都需要关注心理健康，这与患有心理疾病是两码事。媒体需要承认心理健康涵盖数不胜数的情况，每一种情况都涉及独一无二的个体和一系列错综复杂的环境因素。媒体需要报道最新的科学研究和治疗进展，而不是鼓吹有何灵丹妙药。而媒体所面临的挑战是要用 500 ~ 800 字的篇幅或短短三分钟的播出时间，将一件层层叠叠、情况复杂、看不见摸不着、难以测量、发生在人类灵魂中的事情，描述

[1] Fearne Cotton，英国 BBC 广播电台女主播，自暴受焦虑等心理问题困扰，并出版了相关著作。——译注

得富有生趣，吸引观众参与其中。

如果我们希望媒体善待我们，我们也得回之以善意，容许相关从业人员有犯错的余地。我们也该尽可能地给予他们指导。我由此想到了——

为迎接2017年的世界心理健康日，我拟定了《心理健康媒体章程》。在撒玛利亚会、比特慈善机构和英国心理健康急救中心（MHFA）的协助下，该章程为媒体提供了七则简单易行的指导方针，告诉媒体该如何负责任地报道心理健康故事，不再徒增污名。该章程指导媒体在报道中使用适当的语言和图片，除此还给出了一些小建议，比如在报道中添加优质信源的链接，便于读者进一步寻求支持和建议。

我以前做时尚杂志专栏作家时，有次顺嘴跟编辑提到，我担心在报道饮食失调症时刊登患者患病前后的对比照可能煽动其他人效仿。我并非特指《时尚》杂志，只是想表明视觉媒体想要准确地报道饮食失调症，困难重重。

我的编辑说她已专门去了解过“励瘦”[1]现象，但在此之前，她确实以为看到一个瘦骨嶙峋、令人震撼的人的照片，会凸显出饮食失调症的危害，而不是鼓励人们瘦身。这个假设相当合情合理，没有患过饮食失调症的人都很容易做出这样的假设。

那是我第一次发现，“啊！原来媒体并非总是一心要制造关于心理疾病的成见和刻板印象！他们是根本不知道！”我突然意识到心理健康

[1] 指用一些特别瘦的人或富于线条美的雕像作为自己减肥的偶像，反复观看其照片，激励自己减肥。——译注

报道的很多问题可能并非蓄意为之，而是出于单纯的报道习惯或者弄巧成拙。

大多数慈善机构其实都有为媒体编制的指南，但往往十分冗长，对总在奋力赶稿的记者来说，翻阅起来相当不便。因此，我知道我需要做的是将之前的建议都归结起来，尽量简化，此外还要提出一些更有帮助的替代建议。我与上述慈善机构取得了联系，并对目前患有心理疾病的人展开了一次在线调查，或由患者亲自作答，或由亲友代为填写。我整理了数据，从中提取出当前媒体报道的七个特征。这七个特征要么最为有害，要么最有助于在报道中准确用词和展现同理心。

譬如，现在人们认为“实施自杀”这个短语不妥。“实施”带有实施犯罪的意思，而自 1961 年以来，自杀在英国已不构成犯罪。乍看起来这似乎无足轻重，但要是你和自杀者的家属或自杀未遂之人交谈时这么说，他们会觉得“实施”这个字眼带有耻辱和污名，伤到了他们。此外另有证据表明，那些有自杀风险却仍旧认为自杀是种犯罪的人，会因担心法律问题而不太可能寻求帮助。所以最好是说“终结或结束了自己的生命”以及“自杀未遂或自杀身亡”。

迄今，已有 50 多家媒体签署了这一章程，涵盖报纸、杂志、广播电台、博客主和油管主播。你可以在这些媒体的网站或社交媒体页面上发现下图所示的“认证图章”。如果你想索取一份名单，或者签署章程领取图章，请与我联系。

ENDORSING THE
MENTAL HEALTH
MEDIA CHARTER
©RUBYETC

唐宁街 10 号

Number 10
Downing Street

政府的心理健康专员

2016 年夏天以前，我在访问学校或出席活动时最常被问及的问题是:“我该如何帮助有心理健康问题的朋友？”自那之后，就变成了“保守党究竟在搞什么鬼？”

2016 年 5 月，我这个政府的心理健康专员突遭辞退，引起一片哗然。我平常出席活动通常只有两三分钟讲话时间，一直没有办法完整地讲述我的经历，所以这一章我想试着弥补。各位读者，请做好准备，下面我将透过我的视角，讲述一些内部消息、流言与真相。

最初投身心理健康运动时，我才从心理疾病中康复不久，是个勇敢无畏的 25 岁年轻人，对政治不屑一顾。我尚未行使过投票权（对此我没有任何借口可找），还和许多英国人一样，以为政治是发生在白厅[1]“那边”的事，由完全与“正常”生活脱节的政客们包揽。我对政治的认识仅限于电视上播出的首相质询[2]，每次碰巧看到的都是一场场

[1] 伦敦市内连通唐宁街和议会大厦的一条街。这一带坐落着不少英国政府机关，譬如国防部、外交部、内政部、海军部等。——译注

[2] 英国下议院每周三举行首相质询，由执政党首相回答反对党领袖和其他议员的提问，全程对外直播，可以说是英国政客当面对决的最大舞台。质询一般火药味很浓，有时唇枪舌剑非常精彩，有时也会演变成骂街，场面失控。——译注

闹得声嘶力竭、脸红脖子粗的合法暴力，充斥着为害不浅的大男子主义。

不过，正如我父母所言，一直以来我都“公平意识过剩”。念书时，我总是没完没了地缠着大家支持我做那些越发荒唐的慈善活动（洗豆子浴[1]在当时是种很流行的筹款方式），喋喋不休地在学校大会上谈论战争、饥荒、气候变化的不公或是为什么每个人都该吃素（你完全可以想见我当时有多么“受欢迎”）。

六年级时，我那些多年来一直受到性压抑的女校同学纷纷开始穿上迷你裙和高跟鞋，我却没有。我在公共休息室里大谈种族主义和女权主义，而且以埃塞克斯的形象标准来看，我胖得“难以接受”。我当时并未意识到，所有这些行为本质上都是政治行为。唯有当我开始访问英国各地的中小学、专科院校和大学，察觉到与我交流过的这些天南海北的人的经历之间的共性，我这才认为我的工作与政治有着千丝万缕的联系。

长年累月的研究和谈论心理健康，最终势必会开始关注种族、性别、性取向、文化和财富。例如，你会开始问自己，为什么黑人和其他少数族裔更容易患上心理疾病，却更少寻求帮助（譬如加勒比黑人）。要是你和我一样，相信所有人生来本质上都是一样的，你也会得出如此结论：一个人的心理健康状况离不开他所处的环境、遭遇和别人对他的态度。

我开始明白了，如果说制造或解决社会不公在很大程度上都是政治的责任，而社会不公又是影响心理健康的一个因素，那么归根结底我必

---

[1] 所用的豆子是英国的经典料理炖豆子，煮好几大锅一起倒入浴缸中。——译注

须要开始接触威斯敏斯特[1]里的那个陌生而恐怖的世界了。

所以，一言以蔽之，正是对心理健康的关注将我变成了一个政治动物。

我所相信的正义、公平和机会均等，大体（虽不尽然）与在政治上自诩左派的人的主张相吻合。我认为每个人都有权享有基本生活保障，不论他们的经济状况如何。我拥护国家医疗服务体系和福利国家制度。我相信良好的教育不仅是项基本权利，更是获得金钱买不到的幸福和自由的关键（说到生活质量，不应该只局限于经济宽裕）。我认为男性如今依然比女性工资高不合理。我认为白人比有色人种获得的机会多不合理。我认为根据种族、性取向、性别、身材、体型或阶级，以偏概全地评价一个人的性格或能力不合理。

我基本上成了右翼民族主义者口中的占据道德高点的社会正义斗士、"自由派智障"，还把所有这些描述视作荣誉勋章，不以为耻反以为荣。

因此，2010 年，29 岁的我不仅第一次投了票，还正式加入了工党。我当时认为自由民主党的宣言最契合我对理想世界的构想，但我也考虑到了一个流传甚广、有些令人匪夷所思的观念：他们"永远上不了台"。

大约这个时候起，我开始定期为报纸撰稿，写些题为"如果我是首相""迈克尔·戈夫[2]是教育部有史以来最烂官员的十大理由"之类的文章。所以待到 2015 年春，一个教育部的公务员给我打来电话，用她

---

[1] 指威斯敏斯特宫，即议会大厦。——译注

[2] Michael Gove，保守党人士，现任英国内阁办公厅大臣，2010～2014 年曾任英国教育大臣。——译注

那甜美得如唱歌般的声音跟我说，她那儿有份工作给我，我当时惊讶得无以言表。她说政府有史以来头一遭要为学校招募一个心理健康卫士，这份工作将有机会在政府层面上为年轻人发声，并“最终影响决策”，不知我是否感兴趣？

迈克尔·戈夫已不再是教育大臣，继任者是妮基·摩根，但我想他们应该知道这几年来我和迈克尔·戈夫在报纸上玩的那些相互侮辱的网球游戏[1]才对。她跟我解释说，他们要找的是一个“真正的专家”，愿意质疑他们、挑战他们。

我认为这是个很好的机会，但也始终有种挥之不去的感觉，唯恐是浮士德契约[2]，与保守党结盟可能会败坏我和我的声誉。最终我想通了，既然政府在我最关注的问题上表现出如此明显的学习和采取行动的意愿，再一味纠缠于泛泛的意识形态差异未免不识时务。

我接受了这个职位，并询问是否有薪资。对方回复说这份工作必须要保持“客观”，所以没有报酬。感谢上帝和我的救星大卫·鲍威[3]，我接受了这一立场——因为我没有签署任何东西，所以从未受制于教育部，因此才能做出后来那些决定。

一篇新闻稿迅速发了出去，我的手机也立时就响了起来。全国各地的人都不知怎的得到了我的手机号码，来电跟我说他们的孩子自杀未遂

---

[1] 典出英法百年战争。据传，当时的法国王太子路易八世，为嘲讽亨利五世不学无术、花天酒地，曾特意赠送他一箱网球，自此网球便含有侮辱性的寓意。莎士比亚在戏剧《亨利五世》中对网球事件也有描写。——译注

[2] 指出卖灵魂换取世间权势和享乐的契约，源自16世纪德国民间传说。后来歌德在其同名长诗《浮士德》中也描写过浮士德与魔鬼的交易。——译注

[3] David Bowie，英国著名摇滚歌手、演员。作者是其铁粉，故称其为“救星”，详情见后。——译注

好几次了，却仍然还在候诊名单上排不上心理治疗；或是说他们被戒酒中心和心理健康服务机构相互推诿（好像二者有多大不同似的），谁也不愿为他们负责；或是有些教师来电说，他们的年级中正流行自我伤害，他们不知道该怎么办。当时我已经在这个领域工作八年了，但我仍旧认为直到那一刻，我才真正感受到全国范围内的深切绝望。

几周后，我与时任教育与儿童保障大臣萨姆·吉玛会了面。他看起来非常和蔼可亲，发表了一番现在大家都耳熟能详的套话，称政府认识到他们有责任解决年轻人日益严重的心理健康问题，并希望我这个“深入年轻人群体”的人能为他们提供有用的经验。他问我如何看待自己的角色，毕竟我是有史以来第一个心理健康卫士。我回答说，我认为这恰好让我能在一定程度上，自主决定我的工作方向。我说我有意成为政府和学校之间的桥梁，把我每天亲眼所见的老师、学生和家长关心的问题反馈给教育部，并汇报这一领域内的一些优秀做法。他似乎对我的回答很满意，接着我们就在议会外一起合了个影（拍照时，我被人小声叮嘱“别让大臣看起来太矮”，我当时就该对结局有所预见了[1]）。

随后几周，我出席了数不清的“圆桌会议”，面见了众多国务大臣、顾问和各种心理健康慈善机构的领袖。会上我被反复问到同样的问题——老师是否有能力发现学生心理健康状况不佳的迹象，并提供初步护理？我的回答始终如一：“这取决于你所说的‘护理’是什么意思。”对此，他们的理解基本大同小异：“那我们就把这当成‘是’了。”

我试图就我和教育与儿童保障大臣初次会晤时提到的那些事情进行

[1] 照片上作者比萨姆·吉玛高出了一个头。——译注

讨论，但发现话题总是又绕回了原点，简直就像《土拨鼠之日》[1]演的那样。

现在我明白了，政府各个部门间的运作方式是这样的：内阁大臣的任命跨越多个领域，不会考虑他们对主管领域是否真的懂行。故而，教育大臣除了可能上过学外，对教育管理通常没有任何实际经验。我想，这就像要我从明天开始接管英格兰银行[2]一样。我兜里有十英镑，我大致知道钱是怎么用的，我也会尽我最大的努力，但我可能依旧不是这个位置的最佳人选。

国务大臣效力于内阁大臣[3]，其任命原因显然同样没多少根据。国务大臣和内阁大臣都聘有“特别顾问”（SPADS），纵然内阁频频更迭，他们也能得以留任，除非被爆出公共丑闻。在我看来，他们才是真正掌管我们国家的人。你可以面见首相本人，离开时已明显感觉到你那极富创意的新想法赢得了她[4]的青睐。但要是三分钟后有个特殊顾问给她吹了吹耳旁风，说这事不可能，那便没指望了。

我认为政府自2015年公开开展“改善”年轻人心理健康运动之前，就已经决定要让老师在学校里为有心理健康问题的学生提供护理，以此弥补他们执政以来，在儿童与青少年心理健康服务上削减的8000万英镑。我相信他们请的一些慈善机构和专家都会为这一立场提供证据支持。

[1] 一部奇幻片，男主角被困在同一天，无法让时间前进，开始了周而复始的人生故事。——译注

[2] 英国的中央银行，对国家货币政策负责。——译注

[3] 内阁大臣是主管英国政府部门的内阁阁臣，相当于各部部长。许多内阁大臣之下还设有国务大臣，其职责范围不是整个部门，而是该部门所辖的部分事务，也有译法直接将这一政务官职译作“副大臣”。——译注

[4] “她”应指英国前首相特蕾莎·梅，任期为2016.7 ~ 2019.7，本书写于其任职期内。——编注

例如，有位向教育部提交研究结果的心理学家认为，压力对儿童有益，年轻人的心理健康危机是“危言耸听”，表现出心理疾病的症状并不代表真的患有心理疾病。虽然这番话的最后一句，还算有那么一丁点儿道理。但要是你把这份研究交到政府手里，而这个政府原本就认为青少年没有什么心理健康问题是不能靠和老师交交心解决的，那么这份研究无异于为一场大闹剧提供了剧本。

及至2016年3月，我无论走到哪儿，都是一副牢骚满腹、心灰意冷、怒气冲冲的样子。媒体为了向我那全由我自己把握的教育部顾问身份表示敬意，称我为“心理健康专员”。专员这个词暗示我对政府的行为有控制权，而教育部竟然放任外界产生这种印象——我怀疑他们是知道自己的政策不受欢迎，需要一只替罪羊。我已经受够了，我终于意识到我对教育部所做的任何事都没有真正的发言权，但当公众不同意他们的决策时，又会立马推到我头上。

为人师表者变得时而担心时而愤怒，这完全可以理解。戈夫的改革要求教师填写堆积如山的文书，以“提高学校的教学标准”，同时还强调对所谓的“核心”学科和相关考试的重视，原已极大地增加了教师的工作量。而现在，似乎还指望他们对学生的心理健康负责。老师们在无数封电子邮件和数不清的社交媒体帖子中有理有据地向我指出，他们不是正儿八经的心理学家。学生的心理需求很可能远超他们的能力范围，这时他们又能向谁求助呢？

尽管最初政府向我保证我的观点和言论都完全自由，但那段时间一些特殊顾问却竭尽全力地限制我公开发表意见。我经常接到教育部的电话，要求我删除推特上那些批评保守党及其政策的帖子，或是警告我别被媒体“哄骗”，去评论一些他们认为我本不会赞同的事（比如他们提出但最终放弃了的一个计划，欲将所有公立学校改为专科院校。这回他们倒是猜对了，我的确认为这事蠢得没边）。

如果你想成为我的朋友或同事的话，有件事你必须得知道，一旦你跟我说什么事不能做，我反而拼了命地想要去做。所以如果你不想我去做什么事，最好的办法是保持沉默，而不是直接把这个念头塞进我那叛逆的脑袋里。我对为规则而制定的规则深恶痛绝。教育部越想让我闭嘴，我就越是惹是生非，最终致使我在推特上说行为专员是蠢货。

可想而知，到了这步田地，政府已巴不得尽快找个借口摆脱我。他们默许我被贴上“专员”的标签，而我的言谈举止却明显背道而驰，不少教育博主都为此乐不可支，他们很愿意看到接下来的这场戏。

2016 年 3 月，我满怀激情地把最后一颗钉子敲进了我那短暂的政治生涯的棺材板里。当时我作为观众旁观了由剑桥大学主持的一场电视会议，许多重要人物都出席了会议。时任社会保障大臣阿利斯泰尔 · 伯特发表了演讲，详细介绍了政府将如何应对年轻人的心理健康问题（一句话概括就是：交给老师处理）。他最后宣称“与娜塔莎 · 德文合作”是“政府承诺保障心理健康的象征”，从而暗示我赞同前面那长达 30 分钟的鬼扯。他错就错在不该邀请观众提问，我举了手，解释说他方才所言我几乎全都不同意，并概述了我认为政府在心理健康方面犯下的所有过错。我说他们将慈善机构和社会活动家的功劳据为己有乃不义之举，要是他们真像嘴上说的那样关心年轻人的心理健康，就该解决心理服务经费不足的问题。我还借此机会就学费、英国儿童贫困率上升以及课程改革等问题对他进行了抨击，那些课程改革导致公立学校的学生在体育、艺术、音乐和戏剧方面的学习减少了。既然我是要自取灭亡，何妨痛痛快快地大闹一场。

伯特先生，虽然你不太可能会读这本书，但我还是要向你道歉，我把数月以来一直积压在心的挫败感尽数发泄在了你身上。那一刻，你对我来说代表着你们整个政党，以一己之身对他们犯下的所有愚行负责。一个你走进会场时还以为是盟友的人，在那种公开场合下，站起来反驳了你方才所说的每一句话，那滋味一定不好受（不过我还是要为自己辩解一句，数月前我曾给你写过邮件，要求会面，但却被你无视了）。

由于之后我提交了所谓的公共访问请求，看到了含有我名字的相关政府资料，包括电话录音、会议记录和书面沟通。我知道此次会议后，伯特先生所在的卫生部与教育部之间往来过一封邮件，信中说："不在此时解雇她是明智的，省得看上去好像是因为她批评了我们所致。但她这么吹毛求疵，再留下去也是不可能的了……"俨然是以自相矛盾的方式上演了一出精彩纷呈的《幕后危机》[1]，完美演绎了"救命，我们完全不知道自己在搞什么鬼，但这事归我们管"。

教育部随后出台了一个计划，预备设立一个有薪水的合同制心理健康卫士（我写这本书时，这项计划仍未落实）。他们可以全盘操控新卫士，我就被淘汰了。他们请我去开了个会，赞扬了我过去九个月以来极富价值的出色工作，但可惜由于上头的意思，他们不得不请我离开。他们煞费苦心地强调，我无权再以政府心理健康卫士的身份发表任何评

[1] 一部以现代英国政府内幕为题材的讽刺喜剧，主线剧情对英国社会的政治环境、时事、丑闻等进行了临摹和预言。——译注

论。但如果我不向媒体透露详细情况的话，他们仍会非常感激。

翌日，《卫报》的一位记者打来电话，请我就当天上午爆出的一个教育事件发表评论。我义愤填膺地告诉她，我已没有资格再以政府心理健康卫士的身份发表评论。她问我怎么回事，我说“你最好去问他们”。你可能认为我是在掀起深入调查，你想得完全正确。我希望有人能知道真相，而且很幸运的是我被解雇后，第一个给我打电话的报纸是《卫报》。依我愚见，《卫报》在追求真相、拒绝偷懒地照搬既定的叙事套路上，比大多数刊物都要高出一筹。

我未曾预料到的是，随后媒体竟群情激愤。我以为媒体知道我被开除的消息后，只会说：“哦，好吧。这也不是政府第一次开除不畏强权、敢说真话的人了。这种事在所难免。没什么好稀奇的。”然而，我大错特错。

第二天，一众记者竟爬上三楼来按我的门铃。而我则裹了张毯子缩在角落里，躲避各家媒体前赴后继打来的电话，疯狂盘算着去里士满我的朋友艾米家暂住，好好想想该怎么做。在我的故事中，艾米之于我，就像艾尔顿·约翰[1]之于洁芮·哈利维尔[2]。她鼓励我关掉手机，和她一起去花园，坐在秋千沙发上，沐浴着阳光喝红酒，聊些与工作无关的闲篇，直到我的潜意识给出我想要的答案。艾米真的很聪慧。翌日早晨我离开时，已经打定主意在报纸、电视和电台上各做一次独家访谈。我选定的媒体分别是《卫报》、BBC 超级严肃的时事节目《新闻之夜》和

[1] Elton John，英国国宝级男歌手，获封大英帝国二等勋爵。在圈内人缘极好，曾在众多女星失意之时伸出援手，被英国小报称为“最佳妇女之友”。——译注

[2] Geri Halliwell，英国女歌手，辣妹组合成员。——译注

伦敦广播公司（LBC）詹姆斯・奥布莱恩的节目。

从此以后，我和议会的关系就更加疏远了，也远没有那么剑拔弩张了。我仍然会经常给健康与教育专责委员会提供证据，所以理论上，我始终在做我想做的事——确保将我每天接触的人的声音上达政府层面。

不断有人问我是否会竞选国会议员，但根据我的政治经验，竞选议员多是为了声望和权力，不是为了服务真正有需要的人（当然也有例外——议员诺曼・兰博、杰茜・菲利普斯、贾斯汀・葛林宁和海蒂・艾伦，我首先想到的就是这几位）。很多优秀的人无疑都会被地方政治吸引，但能够在里面混得风生水起的人才有机会步步高升，而在这个过程中难免会逐渐牺牲掉正直之心。

如果体制有变，或许我会考虑从政。而眼下，我对活动在边缘地带很满意，主要出于以下这个原因：我通过公共访问请求看到的东西令人震惊（事实上，我收到邮件和其他原始档案时正在吃甜筒，我一边看一边惊讶得合不上嘴，搞得那些文件上滴满了棕色的污渍）。执政者花了大量的时间精力想让我闭嘴，不禁让人怀疑每一位政府顾问面对这种压力是否都能保持公正和诚信。那些公务员的语气中明显透露出，以前很少有人像我这样顶撞他们。细思之下，这委实太可怕了。

另外，根据我在政府的工作经历，公众在某些方面其实比我们想的更为有力，并非我们经常听到的那样。我通过公共访问请求看到的资料里，经常提及社交媒体上大众对我的看法，认为我有“影响力”“对公众有号召力”，不过他们还会阴险地补充一句“不论我们怎么看她”。

参与政治的新手指南

首先，如果你的大名还不在选民登记册上，给我立马去登记，立马。我说真的，放下书，赶紧去。

你或许认为去登记投票没有意义，因为现在根本没有人值得你去投票，这个想法完全可以理解。然而，重要的是要让当权者知道你的选票是可以争取的。若非如此，他们为什么要代表你的利益？如果那些政党知道你连票都不会投，他们就永远不会发展到让你愿意投他们一票的地步。

2010 年大选后，政府实施的财政紧缩措施对年轻人打击更大是有原因的。年轻人的收入削减了相当于其家庭总收入的三分之一，而 55 ~ 74 岁这个年龄段的人收入只减少了 10%。戴维·卡梅伦虽然是在“我们风雨同舟”的标语下宣布削减开支的，但细心观察一下，我们绝没在一条船上。部分群体并没有受到最坏的经济状况的冲击。这是因为在之前的选举中，18 ~ 25 岁的选民中只有 32% 的人投了票，而 55 ~ 74 岁的选民中有四分之三的人都投了票。谁能保住政客的权力，政客就会迎合谁的利益。

一旦你向外界表明你是个政治动物后，下一步就是要弄清楚哪些政策能赢得你的青睐。社交媒体在这方面其实是个很好的探讨场所，比大多数人想的要好，堪比直接给本地议员写信。

在我写这篇文章时，地方政府在心理健康方面的平均支出仅占其总预算的区区 1%。如果你因出现心理疾病相关症状去看全科医生，不论你是有些轻微的压力还是患有严重的双相情感障碍，你需要等待多久才能接受心理治疗，取决于你们当地的议会给心理咨询师、外延护理计划和治疗中心投了多少钱。目前，全国各地的等待时长在六周到两年之间不等。

近来，我在一次常规的宫颈刮片检查中，查出我的子宫内膜里有癌前细胞（我好得很——这种情况比大多数人以为的更常见，大约 2% 的英国女性都有同样的问题）。从我把脚踩在马镫形的脚架上，让一个俄罗斯老头对着我戳来戳去地检查，害得我大气不敢出，到最终确诊，总共花了两周时间。我们了不起的国家医疗服务体系让我钦佩不已。

然而，我不禁将我这次可能患癌的就诊经历与我两年前因重度恐慌和焦虑去看全科医生时的遭遇做起了比较。那一次就诊，我被列入候诊名单，三个月后才通过电话接受了初步评估，半年后才排上第一次认知行为治疗。

顺带一提，我跟一位年轻、自由、一向相当开明的朋友说起了这事，她的反应是“我想事关癌症，他们要是拖太久的话，你可能会死”。这正是问题的症结所在：人们依旧普遍认为心理疾病可以最后再来处理，因为它们不会危及生命。我并没有告诉我的朋友，等我终于开始接受认知行为治疗时，其实已然到了濒临自杀的阶段。依据我们的社会习俗，这类话题不适宜在饭桌上说（不过，耐人寻味的是，我方才却可以兴高采烈地大谈我身体内最隐秘的女性器官的状况）。

然而，心理疾病的治疗之所以不似身体疾病那般紧迫，与其说是因为人们认为心理疾病不如身体疾病严重，不如说是资金问题（不过，反过来，你也可以说心理疾病之所以没得到那么多拨款，正是因为掌握财政大权的人认为它不如身体疾病重要）。每在心理健康方面花费10英镑，就有1571英镑花在治疗癌症上。尽管心理疾病患者与癌症患者在数量上不相上下——两者的患病率都是三分之一或四分之一，取决于你所参考的研究。

相形之下，心理健康如此缺乏资金支持，可能会让你感到惊讶。因为首相每次被问及年轻人的心理健康危机时，她[1]通常回答说，政府承诺在2020年以前为此投入14亿英镑。严格说来，此言不虚。但一旦考虑到以下几件事，这笔投入听起来就没那么不得了了。

第一，这个承诺始自2015年，5年投入14亿英镑真不算多。想想看，三叉戟（我们的核"威慑力"）每年的维护费都是55.6亿英镑；第二，这个数字并非直接拨款，而是从其他领域节流出来的；第三，我们不知道这些钱花得是否明智、是否见效。心理健康服务仍然捉襟见肘，政府的目标是在2020年以前，将患有严重心理疾病的儿童和青少年的候诊时间缩短到18周（18周！3倍于他们的暑假！）。所以，这笔钱到底花哪儿去了？

由此我不禁想到了第四点也是最重要的一点——这14亿英镑并非专款专用。换言之，地方议会可以从中申请一大笔资金，用于支持本地的心理健康服务。但当他们收到拨款后，又可以自行决定用途。这或许就可以解释为什么《卫报》发现，2015～2016年间第一笔7600万英镑的拨款下发后，只有半数地方政府增加了在心理健康方面的实际支出。最终，这笔经费可以一句话总结为：政府营造出了有所作为的表象，

[1] 指英国时任首相特蕾莎·梅。——编注

却没有带来任何实质性的改变。

我有次在会议上结识了一位女士，她是一家组织的负责人，该组织致力于帮助康复后的精神病患者重返岗位或接受教育。这项工作意义重大，因为目前患过严重精神病的人群中，只有 10% 能够通过就业重新恢复以往的生活。当地政府承诺为她的组织拨款一万英镑（可谓九牛一毛）……却始终没有到账。相关政府部门却证实资金已经发放到位，在他们看来，这笔钱已经花在精神病患者身上了。就是因为并非专款专用，这笔钱在层层下拨的过程中莫名其妙地流失了。

因此，作为一个公民，你应该要求知道：你所在地区议会的医疗保健预算中，用于心理健康的预算占比多少？这些钱有多少真正用在了该用的地方？以及，这些钱具体花在了哪里？

不论你收到的回复是怎样的，请多留心言外之意，质疑统计数据，亲眼去看看、亲耳去听听那些政府号称正在为他们“改善”服务的人的故事。

最后，如果你没有得到你所寻求的答案，不要被愚弄，在推特上发帖说你的努力没有带来任何改变。

强迫性动力

Obsessive
Compulsive Drive

心理疾病跟创造力有关吗？

有位朋友曾说我基本只有两种模式——忙或睡。我已记不清丈夫对我说过多少次“麻烦你过来坐下歇两秒行不行？”，也记不清他多少次从我攥得死死的手里夺走我的笔记本电脑或手机，任凭我在一边抗议“这事我必须弄完”。

我很难坐着不动，什么都不做。“悠闲”对我来说是个完全陌生的概念。我可以和别人一起放松（我认为这是一种高质量的相处），也可以做些还算有意义的事来放松，比如遛狗或下厨，但要我一个人无所事事，反而让我很有压力。

作为一个有焦虑倾向的人，我已记不清有多少人跟我说过我“只是需要放松一下”。他们给我支了很多招，比如舒舒服服地洗个泡泡浴、冥想、瘫在沙发上发呆、不要带手机或者其他分散注意力的东西，如出门找块草地坐下等。对我来说，这些方法无异于教一条鱼背诵《莎士比亚全集》。

焦虑心理的一个关键因素是追求完美主义，苛责自己。虽然这些事可能会被大多数人讥笑为“第一世界问题”[1]，但我却因此开始责备自己连好好放松都不会。当我盘坐下来努力专注于自己的呼吸时，我双腿打战，心里像念咒一样不断想着我没做完的事。接着脑海中就会浮现出我那些朋友不以为然的表情，他们在我的想象中苦口婆心地要我“照他们说的去做”，照顾好自己的心理健康。

我是个说一套做一套的伪君子吗？我在活动中碰到的一些人认为我是。“你之前不还在苏格兰 / 爱尔兰 / 中国吗？”他们问道，“你自己每天都跟无头苍蝇似的到处乱窜，一刻不得闲，还想告诉别人务必要腾出时间和空间自我反省、娱乐和放松？”

这个问题很在理，我很困扰，真的。

直至我碰巧有机会采访到了一位全球顶尖的焦虑症专家，他的看法有些独树一帜，令人耳目一新。他给我讲解了一个概念——强迫性动力。我告诉他，我总是想要不停地做事，而以我对大众心理学的涉猎，这是一种低自尊的表现，最终必然招致理想破灭、精疲力竭和绝望。

“那倒不一定，”他回答说，“你具有典型的强迫性心理。你没有强迫症，但你的思维有那种倾向。你可以用你的一生来与之对抗，但会相当累人。如若不然，你还可以反其道而行之，把它当作你的动力。这是一个优势。没有它，你就做不到你今天所做到的一切。”

在此有必要强调一下，他谨慎地提到的一个大前提——我没有强迫症。强迫症是种潜在的重度焦虑障碍，往往导致患者无法正常生活。其

[1] 指一些和发展中国家面临的各种严重问题相比不值一提的烦心事，用以形容烦恼微不足道。——译注

特点是出于压倒性的、非理性的恐惧，患者会无休止地重复某些行为模式（如本书“焦虑”一章中所述）。相反，强迫性动力指的是需要不停地做事、不停地产出。有些人可能会把它说成是“动力过剩”。事实上，我第一次跟我妈说起这次采访时，她说：“你一直就这样。打小时候起，我就从来不需要催着你做事。”

知道自己这是强迫性动力后，我的内心和谐多了。我的大脑不再是我的敌人。我欣然接受了自己的强迫性动力，不仅因为它是我天性中不可或缺、不可磨灭的一部分，也因它是我此生都将背负的心理疾病所带来的优势。如果说我的成就来自我需要营造出自己永远在做事的幻觉，而这种需求与我会一连数小时缩在角落里流汗又流泪一样都是心理疾病造成的，那么总的来说，我觉得这是值得的。

认为心理疾病有利有弊的这种理念，绝非我的独创。尤其是艺术家的心理痛苦，素来也是他们创作的心路历程。

以下是些具有重要文化意义的历史和当代人物，他们都存在众所周知的心理健康问题。排名不分先后，我之所以从大量人杰中选出这些人，原因无他，只因我认为他们每个人都天赋异禀、才华横溢。

斯蒂芬·弗雷（双相情感障碍）、艾米·怀恩豪斯（成瘾、贪食症）、罗宾·威廉姆斯（抑郁症）、弗吉尼亚·伍尔芙（双相情感障碍）、温斯顿·丘吉尔（抑郁症——他称之为“黑狗”[1]）、西尔维娅·普拉斯（以前叫作躁郁症，现在叫作双相情感障碍）、希妮德·奥康娜（抑郁症）、

[1] 出自丘吉尔的名言：“心中的抑郁就像只黑狗，一有机会就咬住我不放。”自此，黑狗便成了抑郁症的代名词。——译注

阿黛尔（产后抑郁）、玛丽安·凯耶斯（成瘾、抑郁症）、妮娜·西蒙（双相情感障碍）、泽恩 · 马利克（焦虑症与饮食失调症）、J.K. 罗琳（抑郁症）、奥兹 · 奥斯朋（成瘾）、唐娜 · 莎曼（抑郁症）、艾尔顿 · 约翰（贪食症）、田纳西·威廉斯（抑郁症、成瘾）、凯利·费雪（双相情感障碍）、卢比·瓦克斯（抑郁症）、戴安娜王妃（贪食症）、安东尼·霍普金斯（成瘾）、梅茜·葛蕾（双相情感障碍）、莱昂纳德·科恩（抑郁症）、珍妮·杰克逊（焦虑症、饮食失调症）、艾伦 · 德詹尼斯（抑郁症）、布莱妮 · 戈登（强迫症）。

1987 年，艾奥瓦大学的南希 · 安德烈亚森博士进行了全球首个探究创造力与心理疾病的关系的研究。结果显示，参加了艾奥瓦大学作家研讨会的受试组比对照组更易患上双相情感障碍。十年后，肯塔基大学的阿诺德 · 路德维希博士开展了一项研究，探索心理疾病与那些遭受心理疾病折磨的文化名人之间的关系。他的结论是，与精神病相关的疾病，譬如精神分裂症与双相情感障碍，都与较高的创造性思维能力有关。他认为这是因为这些疾病会影响大脑额叶，那里正是创造力的源泉。

自那之后，心理疾病与创造力之间的关系，便成了无数心理学研究的主题。科学家告诫我们不要把相关关系误认为因果关系。也就是说，不能仅仅因为许多作家和音乐家都患有心理疾病，就想当然地认为心理上的痛苦是一个创作者必须付出的代价。事实上，正如我稍后会在其他章节中探讨的那样，这种想法存在潜在的危险，特别是它可能致使易感人群认为心理疾病多少还有些“迷人”。

对于科学家得出的这些结论，有几个地方值得注意。首先，路德维希博士的研究是回顾性研究，也就是说他搜罗了在历史上具有影响力且患有心理疾病的文化人物，以证明自己的假设。这种研究方法困难重重。对于心理疾病的理解和探讨并非总是在同一框架下进行的，所以举例来说，我们并不清楚一个人在 1847 年患上的那种精神病与 2017 年所说的精神病是否有可比性。

其次，这种性质的研究必然会在很大程度上受到确认偏误的影响。试看我之前列出的那些我钦佩的人，其他没有公开表示过自己存在心理健康问题的音乐家、艺术家和作家，其实也完全足以列成一份长度相当的名单。你甚至可以说，我之所以被上文提到的那些人及其作品吸引，是因为我自己也有心理健康问题，与他们惺惺相惜的缘故。

此外，正如迄今为止我们多次在本书其他章节中提到的，“心理健康”涵盖的内容很广，以至于想要从中总结出可靠的因果关系未免有些痴人说梦。将创造力与心理疾病联系起来，有点类似于将创造力与身体疾病扯在一起，岂非太蠢了？好比我说“历史上每一位有影响力的领袖一生中都患过身体疾病”，听到这话，你很可能只会不置一词地耸耸肩，翻个白眼。那么，考虑到三分之一的人都会患上心理疾病，对此我们恐怕也该做出同样的反应。

那些鼓吹“心理疾病等于成功和创造力”的人还有一个疏忽是，未曾考虑到即便存在因果关系也可能是反向的：一个搞创作的人，也许更能公开谈论一些边缘化乃至不见容于主流社会的话题。同样，如果你已功成名就，你可能会觉得自己已经握有相当的权力和影响力，承认自己存在心理健康问题也不会重创你的声誉和事业。

不论什么人都会患上心理疾病，我们很可能并未认识到心理健康问题的这一真正范畴。因此与其把具有创造力的人视作一个超凡脱俗的独特群体，不如将他们看成全人类的代言人更恰当。

我和我的朋友，作家凯尔茜·奥斯古德说起了这个话题。由于患有严重的厌食症，凯尔茜在美国各地的多家医院里辗转度过了她的少女时代。这段经历使得她在心理健康方面的见解独树一帜，她认为医疗系统未能正确认识到提高心理健康意识是把双刃剑，可能造成蔓延的风险。

不出所料，凯尔茜并不认同患上心理疾病是有“好处”的。她认为不倡导追求“正常”的心理状态，在很大程度上阻碍了那些自以为能成为创作天才的人去治疗心理疾病。她说：“我十几岁时，觉得心理疾病是为人有深度、有智慧、有创造力的写照。我或多或少盼望着我的病能激发出我的创造力。我不需要做个刻苦的学生勤加写作，只需要变得郁郁寡欢，就能自动写出如西尔维娅·普拉斯似的作品。当然，事实并非如此。”

显然，凯尔茜之所以如此看待这个问题，是因为她与厌食症患者打过很多交道，很多人相信只有“特别”的人才会患上这种病。而凯尔茜则认为她之所以能康复，源自承认自己“有能力应对平凡而又困难的生活任务”。“虽说所有天才都有点疯癫，”她总结说，“但并非所有疯子都是天才。”

凯尔茜说自己的厌食症“已经康复”了，而非“正在恢复”。她已彻底将她的病抛诸脑后，她公开表示，人们普遍认为饮食失调症会伴你一生，这种观念源自12步戒断法。这种戒断法是专为吸毒和酗酒的人设计的，并不能直接照搬。

不过，就我的情况而言，意识到自己永远无法彻底摆脱天性中的焦虑，是我康复过程中的一个重要组成部分。我觉得心理疾病经常被描述成一次性的——患者以前生过病，但现在好了，往后就将永远幸福快乐下去。心理疾病给我生活带来的影响多有起有落，当我在痛苦中挣扎时，知道一切只是暂时的，无疑是种安慰。此外，这其中还有一种安慰是我状态好的时候，也不会产生想要永远留住这种状态的压力，因为我知道不可能。

无论眼下是悲是喜，我都能从这个想法中得到安慰：一切都会过去。了解了强迫性动力的概念后，也让我能在一些黑暗时刻，憧憬未来的优势。

驾驭强迫性动力的新手指南

一如生活中绝大多数事情，看待自身心理疾病的方式也多种多样，而所谓的“正确”方式就是适合你的方式。

如果你和我一样，相信心理疾病赋予了自己一些心理或行为上的优势，能让你生活得更好，这样也很不错。不过，我在此要提醒各位，在年轻人和心理疾病易感人群面前说起这个观点时，要言语慎重。

经常有青少年问我是否后悔在十几二十岁时一连好些年暴食、催吐。我绝对会旗帜鲜明地答“是”。我失去了人们常说的人生中“最美好”的七年时光。饮食失调症向来被人错误地追捧，再煽风点火是不负责任的行为。不过，我也不能否认或许我的强迫性动力正源于我渴望弥补失去的岁月。这也许能给那些正在与内心的恶魔缠斗的人带去希望。

言及心理疾病的“好处”，人们往往忽略了一个关键：出现心理问题的艺术家、音乐家和作家，一般都是在他们心理健康时创作出了世所公认的杰作。换言之，正如凯尔茜所言，健康才是值得我们积极追求的东西，而康复通常与表面上的日常生活或广义上所说的“常态”息息相关。不过那些名人的经历也告诉我们，等我们病愈后，心理疾病会在我们的大脑里留下一个情感强烈的黑暗角落，可以从中汲取灵感。

我认为，真正给予我们好处的或许不是心理疾病本身，而是那段康复期。因为你必然会在康复的过程中，加深对自己和自身行为的了解。这段经历能让你对心理学有一定的了解，进而了解他人。而康复后，人们也往往更富同情心，更乐于助人。

最重要的是，处于康复期时你能将身患的心理疾病的病理特征与你自身的人格特质分离开来，进而从根本上深入了解自己独一无二的人格结构。我们应该摒弃前者，接纳后者。要是你能再找到一种方法，善用后者，使你和周围人更加快乐，便再好不过。

精神病

Psychosis

被误解的精神病

在所有心理疾病的症状中，精神病的症状——出现幻觉、妄想信念和幻听——可能最常为人提起。在这种情况下，精神病的本质长久以来却还一直被人曲解误会，很是奇怪。

严格说来，“精神病”是个统称，意思是“对现实的曲解”。精神病本身并非一种心理疾病，而是双相情感障碍、循环性情感症（与双相情感障碍类似，但症状没有那么严重）或精神分裂症患者所表现出的症状。压力过大、睡眠不足或吸毒也可能引发精神病。这在 14 ~ 35 岁的人群中最为常见。

“精神病”的英文发音存在一个问题，它以“psycho”[1]开头，人们会自然而然地心生畏惧，认为它意味着“真正的”疯癫，与焦虑之类的常见心理健康问题浑然两样。媒体将精神病渲染得与各种恐怖行径密不可分，说患者相信他们是受上帝的指引才这么做的，显然也是在帮倒忙。

事实上，研究表明，谁都可能患上精神病，而且大多数人都能完全

[1] 含有精神变态、神经病等贬义。——译注

康复。和许多事一样，精神病也存在于一个连续谱上。如果你曾患过流感，病得卧床不起，你以为卧室里还有其他人，直到后来才发现自己一直是一个人。那么严格说来，你这就算经历了一次非常轻微的精神病发作。

所有持久性问题，例如难以投入工作或难以维持一段关系，其实更可能是抗精神病药物带来的副作用，不是精神病直接造成的（见本书“处方药”一章）。有些文化相信世上还存在其他的灵魂世界，他们将精神病视作一种天赋，使人能与亡灵或超自然的灵性存在交流。

精神病在许多方面都象征着围绕心理疾病最根源的争论——这是一种“疯癫”，还是仅是一种有别于常规的体验现实的方式？诊断和治疗心理疾病时，我们是否其实只是在强迫这些人按照符合既定社会规范的方式去思考和行动？

在“大脑”一章中，我曾提到我们每秒大约会接收 200 万条信息，但其中只有五至七条[1]信息会进入意识层面。此外，我还详细介绍了大脑发育成熟后，自行创造的信息多于从外部接收的信息。有鉴于此，精神病患者其实只是看到或听到了现实世界的另一角，也不是不可能。

不过从内心来说，我是个反传统的嬉皮士，我知道这些观点未必会得到医学专家的认同。归根结底，真正的问题是精神病患者承受的痛苦有多深，以及在多大程度上影响了他们正常生活的能力。根据我的经验，这通常得看他们是否能够分辨出那些唯有他们才能看到、听

[1] 原文此处为“五至九条”，与“大脑”一章中提到的数据不符，恐为笔误。——译注

到的东西，并承认这些东西与世所公认的现实不符。要做到这一点比你想象的困难得多。

研究表明，我们听到一个声音和我们回忆这种声音时，大脑中被“点亮”的部分完全不同。因此，从逻辑上讲，如果一个声音源自“你脑海中”，那么大脑被激活的部分就该与我们回忆一个声音时的部分相同。然而，精神病发作期间，患者声称“听到声音”时，大脑被激活的区域正是他们听到其他声音时的区域。通俗地说，对患者而言唯有他们才能看到或听到的东西，实际上与其他事物一样“真实”。

双相情感障碍与循环性情感症

这类病症以前被称为“躁郁症”，因为它们的定义特征是强烈的情绪波动——躁狂期与重度抑郁期交替出现。

躁狂发作时，患者往往精力过剩，无法放松下来。他们通常会发现自己睡的时间比平时少多了。他们看起来可能无比开朗乐观，同时又暴躁易怒，说话和行动都比平时快。他们很可能会丧失自制力，这就是为何滥交和过度消费这两种症状都与这种病息息相关。

躁狂还会导致夸大妄想，忽视个人的人身安全。躁狂发作的人往往认为自己无所不能。因为他们举止随性、喜欢冒险，所以躁狂的人是很好的“夜游玩伴”，很受欢迎。但他们常说自己很难将友情维持下去。因为凡事有起必有落，躁狂之后便是抑郁。他们的抑郁期症状与常规抑郁症如出一辙，导致双相情感障碍一开始经常被误诊。

精神分裂症

这个术语现在仍与“人格分裂”[1]混为一谈（大错特错）。实际上，精神分裂症指的只是精神病的症状持续超过六个月而已。近十年来，精神分裂症的确诊率有所下降。专家推测，这是因为围绕精神病的污名有所减少，人们愿意及早寻求治疗，从而更有机会迅速而彻底地康复起来。

[1] 在我写这本书的时候，仍有很多人在争论人格障碍是应该纳入“心理疾病”的范畴，还是说人格障碍本身就是一种单独的疾病。我决定不在本书中详细探讨这个问题，首先是因为我觉得自己对人格障碍研究得不多，其次是因为虽然人格障碍无疑也与心理健康息息相关，但恐怕需要另著专论。

精神病的病因何在？

究其根源，精神病是由潜在的易感性和不断增长的压力共同造成的。

易感因素多源自过去的创伤。说起“创伤”，我们往往会联想到性虐待或战时生活的场景，虽然这些事很可能会提升精神病易感性，但欺凌和丧亲之类的生活常事也会造成创伤。归根结底，还是要看这个人总体的生活经历。缺乏“依恋”（在性格形成期所感受到的支持与关爱，见本书“年轻人”一章）也会成为精神病的易感因素。

此外，精神病还存在遗传因素。虽然精神病不会像某些身体疾病一样直接“遗传”，但研究表明父母患过精神病的人，更可能患上精神病。譬如精神分裂症，一般人的患病风险约为 1%，但若有近亲患过精神分裂症，患病风险便跃升至 6.4%。

有些人声称，使用大麻会导致双相情感障碍一类的疾病。但事情没那么简单，详情我将在“大麻”一章中另行探讨。大麻会影响大脑中的多巴胺水平，多巴胺对于保持健康至关重要，在所有心理疾病中都扮演着重要角色。因此，如果你个人或家族有精神病史，你最好避免使用大麻，但它主要是种催化剂，不是致病因素。迷幻剂和兴奋剂同样也能造成类似精神病的症状，让人看到或听到别人感受不到的东西。而且经证实，当使用者可能具备精神病易感性时，迷幻剂和兴奋剂也会引发长期的心理健康问题。

应对精神病的新手指南

我们几乎不可能预测一个人是否会经历精神病发作。如果你已经经历过了，那么你应该知道自己是精神病易感人群，日常的应对手段就是识别并处理好早期迹象。要经常自我护理，减轻压力（见本书“自我护理”一章）。如果你患有双相情感障碍或循环性情感症，务必要认识到虽然躁狂期的感觉很不错，但也要像抑郁期一样尽量缩短和减弱它的影响。稳定自己的情绪，降低患上精神病的风险。

如果你能看到或听到一些别人感受不到的东西，哪怕你并不为此苦恼，这也丝毫没影响到你的正常生活，你仍有必要接受一些医务监督。预先建立一个安全网，以便在你的症状发生变化时，立马采取相应的干预措施。记住，精神病越早发现越好治疗。

你身边的人也要懂得该如何支持你，这点同样很重要。有些地方政府设有早期干预小组，为家中有一个乃至多个精神病患者的家庭提供服务，让每个人都知道他们能够做些什么。详情可以咨询下你的全科医生，看看有什么相关服务。

如果你需要与精神病患者交流，最重要的是要承认对方在发病时看到、听到或触摸到的东西对他们来说是真实的，他们说的话对他们而言也是有意义的。直接挑战他们的世界观，只会进一步造成混乱和内在冲突。

如果患者似乎持有一种荒谬、偏执或满是妄想的信念，我发现平静地问他，他是怎么产生这种想法的往往最为有用。在他讲述产生这种不同寻常的想法的过程中，你通常都能发现他究竟是在哪里“走偏了”。

真诚在所有沟通中都必不可少，所以千万不要附和说你能看到或听到那些你感受不到的东西。不过同时也要承认他们能够感受到，不论他们的想法在你看来多么可笑，请不要嘲笑或讥讽他们。譬如，有人问你“看到角落里的恶魔了吗？”，较为合适的回答是：“我看不到，但我相信你可以。”接着，你可以开始使用非评判性倾听技巧（见本书“非评判性倾听”一章），问一个开放性的问题，如“他们在做什么？”或者“和我说说他们吧”。

康复

Recovery

我的康复史

我有个很要好的朋友叫艾德里安·沃里克。艾德里安从事销售工作，身上带有干他这一行的人的所有典型特征。一身纤尘不染、略显华丽的打扮，浑身上下充满自信，有时甚至会被误认为有些傲慢。不过，只需在他那光鲜亮丽的外表上轻轻一划，就会看到内里其实是颗坚硬的钻石。

艾德里安和我相识于 2005 年，彼时我的饮食失调症几乎已将我的人格抹杀殆尽。我每晚都在暴食、催吐、喝得酩酊大醉，妄图抹去那只要我活着就永不消停的无法忍受的痛苦。然后我会抓紧时间勉强睡几个小时，再从我所在的赫特福德搭火车去剑桥上班，我当时在做法律助理。那段路程大约要走一个小时，我总是一上车就累得睡着了，然后提前几个站醒来，匆匆忙忙地擦干下巴上的口水，补个妆，心想着待会儿要喝不少咖啡，才有精神应付工作。

那时我刚恢复单身不久，虽然我的情绪始终一团糟，但还是无法不注意到我每日醒来，对面总坐着一个高大帅气、衣冠楚楚的小伙子。他通常脸上会挂着一丝苦笑，我差不多可以肯定多半是我在睡梦中打呼噜或者说了什么丢人的梦话。我开始喜欢上这个小小的日常惯例——它是我当时那种混乱不堪的生活中的一个小确幸。我甚至和我的几位朋友

（准确说来是酒友，那时我并没有真正可以交心的朋友）提起了他，我们给他起了一个极富想象力的绰号“火车型男”。

一天，我醒来后发现“火车型男”没在，心里非常不安。我惊愕地眨眨眼，暗自责备他自私，竟然休了一天假。这时，我听到一个声音说：“那么，你喜欢在我身边醒来吗？”我这才发现我靠在他肩膀上睡着了。

不错，这无疑是人类史上最烂俗的台词，但这次却是一段深厚友谊的开端。（当然，我们在做朋友之前还是难以免俗地约过会，发现我们并不适合做恋人。）

六个月后，我为了缩短通勤时间，搬到了剑桥。但贪食症支配着我每一个清醒的决定和每一个无意识的行为，导致我在工作上表现得既不可靠又不专业，律师事务所让我走人了。我干起了服务生（在一家鸡尾酒吧），自此，我的生活陡转直下，成了个一塌糊涂的烂摊子。

我生活没有规律，早上没有起床的动力，也没有自我价值感。我所有的闲钱都用来吃喝玩乐了。只要我醒着，就深陷自我厌恶和自我治疗的旋涡中。我变得非常难以相处，我并非有意要做个浑蛋，而是一种必然的后果，因为我只是行尸走肉般地寄住在自己的大脑和身体里。我把控制权交给了心理疾病，自己降级为乘客。

康复初期，我一面忍受着心理疾病所有极糟糕的方面，一面费尽心力地积极承担责任。就像走进一间房，里面满是尖叫不止的野孩子，他们正亢奋地用自己的排泄物涂墙。我在一片喧闹中大吼：“够了，现在这儿归我管，都给我冷静下来，把这里打扫干净！”那段时间，我既是个疲惫而厌世的大人，也是那个我试图照料的难以安抚的小孩。不用说，我这样闹得我身边的人一点儿也不好受。

最近，我问艾德里安当时为什么要和我做朋友。“因为你一直是你，”他说，“虽然有时很难看清这一点。但我还记得第一次看到你时，我在想：‘哇哦，看来我说话得有点水准，因为这个女孩真的很聪明、很有趣。’然后我发现你有些特别之处，一些值得深交的地方。我很庆幸我这么做了，因为……你现在还在我身边。”

看吧，我就说他是颗钻石吧。

康复是要一层层地剥掉机能障碍和有害信念，我们起初曾将它们作为应对机制，但却逐渐被反噬掉了自我。因为艾德里安，我有了一个朋友，他能从我心理疾病的余烬中，看到一只在等待重生的凤凰。我不知道他究竟是如何做到的，我那时确实很招人厌。

康复需要一面拼命把自己从坑里刨出去，一面学习必要的策略以免再度滑落下来。用身体打比方的话，我会把这个过程比作伤口的愈合，因为心理疾病始终会留下不可磨灭的伤疤。对此，有两种看法：一是伤疤成了我们的弱点，一不小心就可能被再次揭开；一是伤疤成了我们的铠甲，我们因此变得更强大。根据我的经验，这两种想法会同时存在，对立而统一。

对我和我所接触过的数不清的人来说，康复都是分阶段实现的。如果你的心理疾病涉及成瘾行为，比如饮食失调症、自我伤害、药物或酒精依赖，那么第一步往往就会想要解决成瘾问题。虽然可以理解，但正如之前在“只为寻求关注”一章中提到的，自我伤害行为通常是种应对策略，如不解决背后的根本原因，只消除行为，会增加自杀风险。

此外，还有一种危险之举是用另一种有害的应对策略替代现有策略。在“食物”一章中，我讲述了自己接连从厌食症转换到强迫性进食障碍，再到最后的贪食症的经历。我为之深感痛苦的情绪从头至尾几乎没变，改变的只是我表达这些情绪的机制。

话虽如此，但如果你的问题是药物或酒精依赖，通常就得首先停止滥用滥饮，因为你要是意识不清，就无法进行有意义的治疗。同理，严重营养不良的人也不具备必要的认知能力，无法清晰地思考。这就是为什么长期患有厌食症的人，往往还未来得及正式进入康复疗程，就会被先行强迫进食。

归根结底，虽然康复几乎不可能孤身一人完成，但它确实是种极度因人而异的体验。就像造成心理障碍的原因有无数种一样，解决的办法也多种多样。我认为争论哪种办法最有效没什么意义，远不如问哪种办法适合你来得中肯。

康复的新手指南

再次声明，我说的这些都仅依据我的个人经历和专业所学。不过若你或你所爱的人正在展开康复疗程，我认为以下几件事你有必要了解一下。

什么是你的“原发病”？

心理疾病的高危因素和病理指标往往是“互通的”。换言之，如果你只看一个人病历上写的背景和症状，不太可能准确判断出他是患有抑郁症或焦虑症，还是存在自我伤害或成瘾问题。长期身体抱病同样会导致心理健康问题，反之亦然。

在你寻求对症治疗时，这可能会给你带来麻烦。譬如，我经常听到有人说，他被心理健康服务机构和戒酒中心来回踢皮球。因为如果你不戒酒，国家医疗服务体系就不会给你提供心理健康服务，而（出于我无法理解的原因）如果戒酒中心怀疑你酗酒的原因是心理问题（但酗酒通常都是心理问题所致），他们就不会给你提供治疗。

私立机构有足够的时间和资源把你当人看，承认你的复杂性，他们讲究一个术语叫“原发病”。你喝酒是因为心情忧郁呢，还是你饮酒过量导致了情绪低落？毕竟酒是一种抑制剂。

我花了十多年才明白我的饮食失调症是种潜在焦虑的表现。正因如此，我治疗饮食失调症的康复过程才如此漫长（而且昂贵），虽然我在行为上摆脱了饮食失调，但心理上却没有得到任何改善。如果我当初率先解决了我的焦虑症，那么作为应对机制的饮食失调，一开始接受治疗时的效果可能会更好。

确定自己的“原发病”并非易事，但值得为此花些精力，何况你的全科医生多半存在过劳和缺乏心理健康培训的问题。在面诊的短短六分钟内，你能够描述出哪些症状，他们就会凭此做出诊断（见本书“全科医生”一章）。

没有灵丹妙药

康复几乎不可能只靠一个办法。初期的药物治疗可能会使你的病情平稳下来，但它并不能解决导致你患上心理疾病的环境因素。一个合适的心理治疗师堪比上天的恩赐，但如果你身边还有亲友的支持，心理治疗更事半功倍。

如果有些“妙方”疗效好得简直不像是真的，那多半值得怀疑。曾有一位医生告诉我，做三次NLP（神经语言程序学）就能治好我的贪食症，我误信了他。他的话对我很有吸引力，因为他说他们不会询问我的过去，换言之我也就不需要深究自己情感上的障碍。虽然催眠和其他治疗技术双管齐下，确实在那一年里减少了我暴食和催吐的行为，但没过多久，我又开始故态复萌。我并不是说神经语言程序学没用（见本书“治疗”一章），但我认为还应该结合其他支持性疗法。神经语言程序学确实解决了我表面上的症状，但却在我体内留下了一包毒药。迟早有一天会有什么东西刺破袋子，让我再次染毒。

不断试错的过程

通常情况下，心理健康的故事都被说得非黑即白：有个人以前状况非常糟糕，但多亏了某种药物、疗法或什么扑朔迷离的偏方，他现在全好了！我已记不清我为那些忧心如焚的年轻人做过多少次咨询，只因他们全都相信要么终身患病，要么彻底康复的说法。一旦康复过程中出现病情反复，他们就认为自己“又回到了原点”。

康复是个不断试错的过程。每上一个阶段，我们所拥有的信息和心理工具都胜过以往。酗酒、一次自我伤害或是突然有一天莫名其妙地下不了床，这些病情反复都犹如在编织过程中“漏了一针”而已。仅仅是漏了一针，并不能抹消你已经织好的那一排。

改变你的社交格局

人与人之间的绝大部分交流是非语言的，肉眼看不见。我喜欢将这种交流想象为频率振动，也就是说我们会吸引那些与我们的频率有共振的人，类似于20世纪80年代大家都会收听的民用无线电台。

当我们的内心一片黑暗时，要不了多久就会发现自己周围都是些同病相怜的人。他们可能还没准备好或者不愿意变好，会拖你的后腿。而我们总是惯于相信“真挚的友谊会持续一生”，大多数人都认为失去朋友意味着做人的失败。然而，就算你以前的朋友、恋人与你想要成为的那种人或是想要过上的那种生活变得格格不入，也并不会否定你们曾经的情谊。

别等着别人来拯救你。我私下里是个浪漫主义者，康复期间有过各式各样的伴侣，我坚信他们会让一切都好起来。对我来说，我的白衣骑士和救星不需要能减轻我的经济负担，也不需要能帮我摆脱邪恶的继母（主要是因为我没有继母），而是要有办法长期维护我的心理平衡。

迷恋的力量非常强大。处在它的控制之下时，其他一切似乎都暂停了下来。恋爱最初的悸动中交织着荷尔蒙和一厢情愿的想法，很容易让人误以为自己奇迹般地康复了。其实不然，一旦情欲消退，你的问题依然如故。

我和所有人一样，仍在不断努力着，但我认为，我在好不容易做到情感独立时遇到了我的丈夫，绝非巧合。毕竟，伴侣应该永远是那个你想要之人，而非需要之人。

为了康复，你需要获得私人和专业两方面的援助。爱，不论何种形式，都绝对会让你更快康复、更好地适应生活。然而，唯一能做到这件事的就是你自己。靠自己，这个念头既让人害怕，也让人欣慰。请专注于后者。

是舍，不是得

在激进的消费资本主义文化背景下（见本书“资本主义”一章），认为自己需要额外的东西才能实现康复的想法，也可能很危险。这样的想法无异于又一次在我们的潜意识上火上浇油，我们的潜意识总认为自己不够好，需要一些东西来矫正我们。

对我来说，康复多关乎舍弃，而非获得。慢慢地，我发现自己开始重新振作起来了。疼痛减轻了，代偿行为开始放缓了，那些让我觉得自己举止诡异或痛苦的事情也在逐渐减少，直到我终于可以顺畅呼吸。

我能想到的最贴切的比方就是丧亲。当你失去了对方时，那种心痛的感觉超越一切，你觉得自己永远不会再“恢复如常”。但有一天，你发现自己一整个上午都没掉过眼泪。再有一天，你发现自己笑了。虽然痛苦会一直潜伏在你心中，但它终归变得可控了，你又做回了你自己。

三大关键因素

我遇到的每一个从心理疾病中康复的人，几乎都发现康复至少包含三方面：

- 心理治疗或药物（见本书“处方药”与“治疗”章节）
- 个创造性的发泄渠道
- 一个给予你支持的朋友或导师

在康复阶段是否要选择有过相同经历的人作为你的社交支持，完全取决于你个人。就我的饮食失调症而言，我发现与没有经历过的人交流很有意义，他们不会说自己也经历过同样的问题，从而将我的情况视若寻常。我想和那些认为自己把自己弄病很诡异、很难以理解的人相处，他们就算做梦也不会那么做，我想透过他们接触一种没有类似心理问题的生活视角。然而，若是说到焦虑症，我就需要另一类朋友，他们能够理解恐慌发作有多可怕，能够理解为什么像我这种看起来如此“自信”的人会有严重的社交困难。

康复迫使你去做每个人都该做的事

康复包括弄清你的动力和动机，弄清它们如何影响你的情绪和行为。这就需要去了解你给周围人带来了什么影响，以及你要在现代社会中生存下去需要些什么工具。最终，你会变得比那些从未得过心理疾病的人更“理智”。

我一向很谨慎地避免宣扬心理疾病是种“福气”的说法（见本书“强迫性动力”一章），但可以肯定的是，心理疾病势必会推动你去提高自我认知水平，至少从这个方面来看是有益的。

永不放弃

现在随处可见很多糟糕的建议（见本书“互联网”一章），也有很多不错的建议对你根本不起作用。没人能一上来就轻易找准适合自己的康复方案。如果你认为你的全科医生在这方面不懂行，请要求换一个。如果你接受的治疗、服用的药物没有疗效，请试试另一种。总而言之，永远不要放弃，要相信自己可以（也值得）成为最好的自己。

自我护理

Self-care

乔治娅·多兹沃思是 worldofselfcare.com 网站的创始人，她还有个别称叫“自我护理女王”。她患有边缘型人格障碍，虽然治疗有一定效果，但她的病情仍让她难以应对日常生活的挑战。于是她发现自我护理对于病情恢复和保持良好心理健康状态都至关重要。乔治娅将自我护理描述为“从生活中抽出时间来照顾自己的心、身、神、灵的日常训练”。

我觉得有必要在本章开头先说说下面这个问题：你见过照片墙和脸书上的那些网络“励志”热门语录吧？就是那些打着“你值得拥有”的标签，告诉你一定要花点时间放松一下的热门语录？我和你一样讨厌这些（如果你也讨厌的话）。特别是在焦虑和无所适从时，我觉得那些话尤其居高临下，不仅没有帮助，还流露出一丝指责的意味——类似“如果你能照顾好自己，就不会落得如此狼狈了，不是吗？”。和许多现代内容一样，网络上这些碎片式的“建议”就是将原本很有价值的道理大打折扣后的版本，断章取义、鸡汤化、商品化，搞得几乎面目全非。

不过，自我护理确实是塑造良好心理健康状态的重要基石。所以，让我们别把婴儿和带有薰衣草香味、可放松身心的洗澡水一起倒掉。

给压力桶装上水龙头

2002 年，布拉班和特金顿制作了一张“压力桶”示意图，后被英国心理健康急救中心收录，用于培训。作为心理健康急救中心的讲师，我曾向众多背景各异的人展示过这张图，从没遇到过觉得这张图完全不适用于自己的人。

这个模型的基本假设是我们都有一个压力桶（如果培训对象是青少年的话，最好说成“压力容器”，因为他们似乎认为“桶”是阴道的委婉表达），桶的大小取决于我们的“心理弹性”。那些经历过许多创伤的人，他们的压力桶很可能比较小，容易装满。

要知道，压力本身在所难免，避无可避。职业瓶颈、个人冲突、家电故障、通勤困难、面向同事演讲、家中脏乱，这些日常小事不太会引起别人的同情，但却可能逐渐增加压力桶里的压力。

如果压力桶满了，我们就可能进入战斗、逃跑或僵直模式（见本书“焦虑”一章）。压力还会使我们的大脑里充斥着一种名为多巴胺的化学物质（其性质及作用，见本书“年轻人”一章）。最终导致压力大的人思维不清，往往做出错误的决定。

压力桶满了可能造成的另一个后果是“崩溃”，我们会在情绪激动时，说些或做些令自己蒙羞的事，事后巴不得能重新来过，还会对我们的友谊和人际关系产生负面影响。这就是“压垮骆驼的最后一根稻草”现象——一些看似无关紧要的事，却引发了强烈的情绪反应。

因此，心理健康的人的压力桶上装着一个水龙头。打开水龙头是种能让人放松、产生内啡肽的活动，经常参与这类活动，就可以让压力从桶里流出来，压力桶也就永远不会满溢。我知道我把这事说得挺简单的，理论上也确实很简单。然而，人类就是这么复杂，能找到成百上千种方法把自己的压力桶搅得一团糟。

“堵塞水龙头”的应对策略，是健康的压力桶面临的主要麻烦。典型的自我伤害行为就是一个例子（见本书“只为寻求关注”一章）。自我伤害从根本上说是种生存机制——一种暂时缓解压力的方式。它虽然能带来发泄感，但同时也让更多压力流入桶中，总的来说得不偿失。

大多数人都惯于以这样那样的形式，做出堵塞水龙头的行为。回想一下最近你备感压力的一天，想想你在那一天结束时做了什么，就能管窥你本能的应对机制。如果其中包含一些最终会造成负面影响的行为，那么你的应对策略就会堵塞压力桶。

本书不带有任何评判色彩。我从未说过一杯灰皮诺[1]、一块巧克力蛋糕就会害死你（除非你严重过敏）。然而，若持续不断的压力导致你经常本能地触发这种无意识的应对机制，情况就危险了。

CBT（认知行为治疗，见本书“治疗”一章）治疗师表示，经常做的事情只需短短两周，就能从意识领域（比如“决定”在遇到压力时喝杯酒）迁移到无意识领域，成为一种习惯。一旦变成一种无意识的习惯后，触发因素就不再是过得不顺心，而仅是某个时间、某个地点。比如，无意识会将你七点出现在厨房的作息与喝酒的习惯联系起来。它会发出喝酒的指令，在你感觉起来仿如一股冲动。消除这种习惯的意志力

[1] pinot grigio，一种意大利产的葡萄酒。——译注

则存在于（小得多的）意识领域内。这就是一种成瘾机制（见本书“大麻”一章）。

你不会等到坠楼了，才开始拉安全网。别忘了，我们难免会产生有害健康的情绪，一如焦虑与压力，因此，需要建立适当的应对策略来处理这些情绪。如果我们经常采用良好的应对措施，它们也会变成无意识的，从而给你的压力桶管理系统上上油，令其运转顺畅（如此混合比喻也不知妥不妥帖，但你明白我的意思就好）。

酗酒、吸毒、暴饮暴食等自我伤害行为，对于满足我们真正的需求而言是种徒劳无益的方式。首先我们需要转移注意力，不能整天都想着那些烦心事，否则真能把人逼疯，所以我们需要做些能让我们专注于当下的事。不过，光是转移注意力并不能释放压力；其次是需要自我表达，把我们内在的压力用外在的方式表现出来，所以你会真切地感觉到“压力从身体里释放出来了”；其三是需要分泌内啡肽（见本书“内啡肽”一章）。

因此要为压力桶制作一个有效的水龙头，就需要找到并参与一些能转移注意力、自我表达和分泌内啡肽的活动，不过不能产生副作用。

运动和锻炼

显而易见，运动是催生内啡肽的良策。不过，你选择的这项体育活动得不存在职业或激烈的竞争因素才行。打网球时，野心勃勃地想要击败对手并没什么问题。但如果输赢关系着你来年的经费（要是你以此为职业的话）、父母的认可或是你的自我价值感，那它只会制造压力，不是一项排空压力桶的活动。

我不怎么擅长运动。虽然我身强体壮，我爸的橄榄球队说我“投球的时候像个男人”（鉴于他们说这话是出于赞赏，我也就没有给他们讲性别刻板印象），但我绝不是个天生的运动员。对像我这样的人来说，自我护理的一个原则就是不要苛求，对自己宽厚一些，让自己享受“不擅长”的活动。于我而言，这项活动就是运动。我永远无法成为那种梳着时髦的马尾辫、在公园里跑步轻松得汗都不怎么出的人，但这不要紧。就像我妈说的：“你不可能样样精通。”我最近才意识到，这并不妨碍你冒着出糗的风险，去尝试一下。

艺术

转移注意力、自我表达和分泌内啡肽，也可以靠音乐、绘画、手工、写作、舞蹈及其他艺术活动来实现。

2017 年，议会跨党派艺术、健康与幸福事务组发布了一份报告，探讨了创造性活动的心理益处。他们在报告中承认，“心理健康”很难衡量。然而，通过整理众多医生提供的广泛证据，他们得出的结论是，心理学界已达成共识，创造力对心理健康至关重要。

艺术疗法通常会与一些传统疗法一起使用，协助心理疾病患者康复。然而，不论你位于心理健康连续谱上的哪个位置，创造活动都大有裨益。鉴于语言固有的局限性，美术和音乐往往能更有效地表达复杂的感情。它们超越了文字的局限性和潜在的不准确性，代表了另一种被倾听和被理解的方式。

正念

我们往往将正念与冥想联系在一起，冥想只是保持正念的一种方式而已。而正念指的是不沉溺于过往，也不忧心于未来的一种意识状态。正念并不是要清除一切念想，而是觉察自己的心念，顺其自然，不囿于一念，也不做任何分析判断。

“正念引导”课会做的一项经典练习是坐在椅子上，从脚掌踩着地板的感觉开始，依次专注于身体的每个部位。这样做的目的是为了将注意力集中于当下，让我们大脑中不停运转的那部分止息下来，不再依据我们的经历进行叙事，不再从中吸取经验用以预测未来的挑战。

过去几年，正念疗法引发了人们极大的兴趣，同时也不可避免地激起了一些反对之声，围绕其有效性的争论似乎层出不穷。对正念疗法持批评态度的人，通常工作紧张而繁重，却被建议去上一个小时正念课来缓解工作压力。他们并不相信“感受自己的脚踩在地板上”足以有效地解决他们的工作问题（可以理解）。

很多老师也同样反感用正念疗法敷衍地应对他们破纪录的压力水平（据BBC报道，2016 ~ 2017年间，70%的教师都因工作压力出现过身心问题），而不肯减少他们的工作量。对此，我很能理解。

不过，这些并不能说明正念没有用。心理健康的一个重要因素，就是要明白世上并不存在客观现实这回事。大脑不喜欢残缺不全的故事，所以会自行填补我们经历中的空白，编造故事，从而影响我们的身份意识。这最早是种生存技巧，但在现代社会中，这种倾向则很可能表现为一种思维过程。比如，“莎拉今天没在短信结尾送上亲吻，也许是因为我给她的生日贺卡寄迟了。天哪，要是她讨厌我，正在和别人说我有多烦人那该怎么办？要是其他人也只是表面上装着喜欢我怎么办？”正念是种摆脱这类打击自尊的内心独白的方法——它能让你提醒自己，现在，一切都很好，没有什么火烧眉毛的危险，你很好。

睡眠

保证充足的高质量睡眠对心理健康至关重要。成年人平均每晚需要七至八小时睡眠，而青少年需要的睡眠时间一般还要长一点。睡太多或睡太少都会扰乱我们的心理平衡。

你永远无法靠单纯的置换来弥补一夜失眠。每一晚的睡眠都自成一体，与前一晚或后一晚的睡眠同等重要。很多证据表明，睡眠习惯紊乱和睡眠不足一样有害，最健康的人起床和睡觉的时间都是固定的，哪怕休假也概莫能外（我必须承认，我还没有掌握这项技能）。

我喜欢将睡眠想象成“剔除忧虑的牙线”。在生理层面上，睡眠是我们的神经细胞自我清洁的时间。它们无法在我们清醒时这么做。所以，你觉得累的时候，其实是你的大脑积攒了太多垃圾（过载）。就学习而言，睡眠是将信息“下载”到长期记忆库中的时间。所以一般说来，考前睡个好觉，比整晚开夜车恶补更有用。除此，睡眠也是我们的无意识化解那些琐碎的焦虑的时间。

睡眠的大敌是过度刺激。近年来，科技造成的过度刺激可能最为显著。手机和平板电脑发出的蓝光会抑制褪黑素的分泌，而褪黑素是入睡不可或缺的一种激素。建议睡前两小时不要接触任何电子产品，连电视也不要看。

有些设备可以选择关闭蓝光，屏幕到了指定时间就会呈现出一种棕色调。但我们在社交媒体上受到的智力刺激仍可能导致我们过度焦虑或疲劳，无法轻易入睡。

在线安全有限公司的创始人卡尔·霍普伍德建议制定一条家规，每晚全家人的手机都要放在厨房充电，父母也不得例外。这样不仅可以避免有人觉得自己被拉出来单独受罚，还可以免去没有及时回复消息和通知的愧疚感。你并非故意不搭理朋友，只是遵守使用手机的家规而已。我到访过的部分学校里，有些年级的家长集体采纳了这一招，以对抗可怕的错失恐惧症。

自我护理的新手指南

你可能早已在做自我护理，只是自己不曾察觉罢了。我个人比较喜欢比预定时限提早一些起床，因为我喜欢在早上“闲散”一些。我起床后的第一件事通常是拿出冰箱里的面膜敷上，因为那种冰冷的感觉能让我彻底清醒。然后，我会现煮一壶咖啡，舒舒服服地洗个热水澡，坐在临窗的桌边俯瞰我们公寓楼的花园，最后花上 15 分钟细致地化个妆。

这是我在开始一天的喧嚣前宝贵的安静时光。化妆就是我保持正念的方式之一。想要让眼线笔不乱晃，就得心无旁骛。

我向“自我护理女王”乔治娅·多兹沃思请教自我护理之道时，她的建议也异曲同工：

> 对于那些最简单的自我护理方法，我的目标是每天至少做到其中五件事：写晨间笔记（意识流写作）、洗澡、刷牙、穿衣打扮、喝茶、听音乐、花十分钟坐下来跟随引导做正念练习、拥抱一位亲友（人际接触能安抚我）、喝水、吃足三餐、闻薰衣草的味道。
>
> 做完最简单的自我护理后，我会犒劳自己进行一些高级的自我护理：买束花、吃块巧克力、和自己约个会去做些我感兴趣的事、买面膜或者预约按摩。

快节奏的生活和由此而来的负罪感是进行自我护理的阻碍。那种负罪感隐隐约约却又挥之不去，总觉得自己似乎应该做些更“有效”、更“有用”的事。然而，允许自己在一天中抽出一些时间来清空我们的压力桶，就是我们给自己最好的礼物。要知道，没有心理健康，其余任何成就都无从谈起。

治疗

Therapy

国家医疗服务体系提供的治疗

碍于社会活动家的身份，我听到的多是心理疾病患者的负面经历，鲜少有正面的。所以在阅读本章时，请记住，成千上万人接受过国家资助的心理健康服务，并受益颇深。我并非有意“抹黑”，只是想强调国家医疗服务体系提供的治疗暴露出的一些问题。

如本书“处方药”一章所述，现在已越来越难以快速、免费地得到恰当的心理治疗。我接触过的大多数专家都认为，如果医疗系统运转良好，那么只有在无法接受心理治疗或者心理治疗无效的情况下，才会开具抗抑郁药。而现实情况是，全科医生多半会给你开药，然后把你加在似乎遥遥无期的候诊名单上。

候诊时长取决于你们当地心理治疗服务的紧张程度，以及他们认为你的病情有多严重。英国慈善机构收集的最新信息显示，现在平均候诊时长约为六个月。半年的心理煎熬未免太过漫长。

我写这一章时，政府刚刚发布了一份绿皮书，提出患有重度心理疾病的年轻人的候诊时长绝不能超过四周，并承诺在 2022 年前落实这项规定。虽然我奶奶准会（有些莫名其妙地）说“总比被湿腌鱼打脸强”[1]，但大多数心理健康活动家都觉得这样做不过是杯水车薪。

我关心的是这个候诊时间指的是从确诊到实际开始治疗的时间，还是只是接受“初步评估”的时间。在治疗开始之前，你会先接受一次评估，通常是电话评估。对方会在谈话中问你一系列问题，好确定哪种治疗方式对你最有效。然后你将被列入另一个候诊名单，等待接受对症治疗。

如果你未满 18 岁，会被转介到儿童和青少年心理健康服务机构。如果你是成年人，而且适合接受短期治疗，那么你会接受“IAPT”（普及心理治疗）服务。接受治疗的患者最常抱怨的是，治疗环境令人望而生畏、冷若冰霜，尤以服务成人的机构为甚。这致使很多年轻人从儿童和青少年心理健康服务机构过渡到服务成人的机构后，就“销声匿迹”了。

然而，一些本国没有免费医保的外国人的经历，又让我意识到我们是多么幸运。喜剧演员费莉希蒂·沃德是个扎根英国的澳大利亚人，她曾在推特上冒出来批评我持续炮轰国家医疗服务体系。她坦言要不是多亏了国家医疗服务体系为她的重度焦虑症提供的认知行为治疗，她现在恐已不在人世。为此，我接下来就要谈谈——

[1] 英文俗谚，言下之意是眼下并非最糟糕的情况，常作安慰语。——译注

认知行为治疗

对于最常见的心理健康问题——抑郁、焦虑和压力——国家医疗服务体系推荐采用认知行为治疗。认知行为治疗意在找出患者有害的思维和行为模式，并采用谈话治疗（顾名思义）和有意识的行为管理双管齐下的办法改变这些模式。认知行为治疗之所以广为使用，是因为它包含着一种“活在当下”的人生观：它有一个诀窍，能让患者通过简单易行的技巧对那些看似难以解决的问题加以控制。

我在治疗贪食症期间，进行过一些认知行为治疗训练，效果斐然。我需要写一份饮食与情绪日记，好从中发现自己的行为模式，以及触发这种模式的食物、地点和时间段。我必须在自己最容易犯病的时间和地点备好一套转移注意力的活动，防止自己去触碰那些会让我再度陷入暴食—催吐恶性循环的食物。

起初，我对这种要忌口的做法感到担忧，主要是因为我患过厌食症，那段经历告诉我忌口似乎没有任何好处。有一种食物几乎总是会惹得我胡吃海塞，那就是面包。而一想到以后再也不能吃面包，我深感不安。好在我最终只戒了半年面包。

为了防止我暴饮暴食，我需要把食物摆得很美观，每吃一口就要把手中的刀叉放下三秒，还要将盘子一分为四，每次至少剩下四分之一的饭菜。

写下这些内容时，我忽然注意到这些行为现在已然成了我无意识的日常习惯。我朋友经常开玩笑说我不肯直接吃包装袋里的零食，非要把它们倒进“合适的餐具”里才肯吃。同样，我现在也会习惯性地留意自己吃饭是否吃得太快了（吃得太快通常表明我对某事心存焦虑）。

认知行为治疗没能治愈我的焦虑症。可能是因为换了一个心理治疗师的缘故，我和他配合得并不怎么融洽。根据我的个人经历——绝非放诸四海皆准——我发现认知行为治疗对有强烈行为倾向的心理健康问题更有效。归根结底，切实地放下刀叉比赶走脑海中的忧虑要容易得多。

私人治疗

不论是出于自愿还是出于绝望，对那些心理健康状态岌岌可危的人来说，私人治疗正成为一种越来越受欢迎的选择。国家医疗服务体系派给我的认知行为治疗师宣布我的焦虑症已经“治愈”后（并没有），我就开始寻找私人心理咨询师。在熟人的推荐下，我最终找到了一个让我感觉很安全，又“很懂”我的咨询师（至少他给懂我的人留下了很好的印象）。

如果你的工作需要经常与存在情感障碍的人打交道，在此给你一个简要的建议：有条件的话，最好每周接受一次心理咨询。心理咨询师也要接受心理督导，也就是说他们会向另一位心理咨询师倾诉，以免像海绵一样，将来访者的痛苦尽数吸纳，最终走火入魔，浑身湿透。现在越来越多的工作都涉及社会关怀，也许我们确实应该普及这样的心理督导。你没准还会发现这笔费用将由你的老板支付（我自己给自己打工，所以我的老板第一个附议，认同员工的心理咨询费是项必要的开支）。

以下是我认为接受私人治疗时值得注意的几点经验之谈：

贵不等于好

我每次的咨询费是 75 英镑，这是平均报价。如果一个咨询师收费很高，仅仅说明他很紧俏而已。这可能是因为他在工作上极具天赋，经常遇到契合的来访者，也可能是因为他所在的位置四通八达，或者在谷歌搜索中排行第一。请相信你的直觉。

心理咨询师不是朋友

因为我的工作需要推进社会运动，所以我遇到的很多人都是了不起的有志之士，让人不由心向往之。因此，我真的很难区分工作关系和朋友关系。

但说到心理咨询，这其中的界限就绝不能变模糊了。大多数心理咨询师都会让你签一份协议，明确规定如果你爽约或是醉酒前来当如何处理。除此，还会写明如果在咨询室以外的地方照面该怎么做。譬如超市偶遇，多数咨询师都会跟你打招呼，但不会再进一步深聊。

与你在生活中有所瓜葛，会妨碍他们工作。与他们在生活中有所瓜葛，会让你意识到他们也有很多问题（毕竟人人皆是如此），从而可能影响你对他们的信任。

时限

你去接受心理咨询时，会发现那个情境中存在一种固有的不对等性。你是在探究和回忆那些深埋心底、充满痛苦的创伤性经历，这些经历无不对你的人生产生了重大影响。而心理咨询师则是在办公室里度过寻常的一天。所以当你的咨询师头一次对你说“好了，50分钟到了，我们的咨询结束了”，你可能会觉得他很无情。但请务必记住他们必须遵守时限。

提前为咨询结束后那种令人抓狂的意犹未尽之感做好心理准备也是明智之举。我通常会有一种冲动，想要随处走走消除掉咨询遗留的感受。我会再多花半小时既坚定而又漫无目的地四处闲逛一番，直到那种一切都不太对劲的不适感消退为止。

神经语言程序学

除了认知行为治疗和谈话治疗外，越来越多的私人心理治疗师也开始采用神经语言程序学疗法。据我所知，这是一种将催眠疗法和常识结合起来的治疗技术。其工作的基础是我们每个人都有内心独白（属实），这些思维模式和信念体系要么对我们有利，要么对我们造成阻碍（也属实）。神经语言程序学的治疗师假定我们可以通过重复积极的自我肯定、形象化和催眠等技术手段深入无意识思维（占我们大脑思维能力的91%，见本书“大脑”一章）。这一步就比较有争议性了。

神经语言程序学的证据基础莫衷一是。因此，人们要么完全相信它的功效，要么说它是鬼扯，比起治疗室更适合参加魔术表演（达伦·布朗[1]也懂神经语言程序学，虽然我不知道这能说明什么）。我比较不一样，这两种说辞我都不信。

对我来说，神经语言程序学改善了我对自己内心的认识，也暂时缓解了我的一些有害行为。对另一些人而言，神经语言程序学也给他们带来了转变，塑造了坚定的生活观。所以我的建议是先走着瞧吧。

补充疗法

替代疗法指的是那些尚未或无法用传统科学方法检验的治疗手段。正因如此，这类疗法往往备受揶揄。顺势疗法认为将少量药物用大量水加以稀释能“增强”药效，这种疗法似乎最受鄙视（我很能理解个中缘由）。

不过，我还是尝试过灵气疗法（犹如一种怪异的按摩，只是按摩的人不会真的触碰你），感觉不错。我也不知道为什么，但作为一个讲究实用的人，一种疗法是如何起效的并不是我优先考虑的事，最重要的是它有效。

我的灵气师告诉我，健康的身体里自有一个循环——一股稳定的能量流在周身循环往复。他说我的身体里却有两个循环，一个在我头脑里流动，另一个从脖子往下流经全身。我的思维和身体脱了节。

在那之前，我刚因脾脏破裂（见本书“全科医生”一章）紧急住过院，留下了很深的创伤。因此我完全相信我的思维会脱离我的身体，这样它就不必面对我身体里发生的残酷现实。事实上，众所周知，这种“分

[1] Derren Brown，英国魔术师兼心理学研究者。——译注

离”是创伤带来的后果，那位灵气师只是换了种说法罢了。

现代科学固然了不起，然而很多时候它只是将智者代代相传的神秘智慧，用一种可以证实、可以测量的方式表达出来而已。

补充疗法或许无法治愈心理疾病，但可以促进心理健康。同理，如果那些帮你放松、清空压力桶的活动，譬如瑜伽、足底按摩、针灸、印度头部按摩，能让你在这荒唐的人间过好短暂的一生，何乐不为？我相信西方科学终究会严谨地证实，这些方法比我们当初以为的要有用得多。

治疗的新手指南

无数研究均已无可辩驳地证明，确保治疗效果的关键不在于治疗方法，而在于你与你的心理治疗师之间的关系。治疗客观上能否成功取决于无法量化的关系，一如生活中的大部分事情。

就像寻找合适的伴侣一样，寻找合适的治疗师也需要双方不断地磨合、努力和妥协。如果不见成效，应该毫不犹豫地抽身离开。阿米·斯帕罗供职于咨询名录网（一个全国心理治疗师的数据库，详细介绍了各个治疗师的培训背景、专长、收费和联系方式）。她在采访中告诉我，她认为过分纠结于治疗师采用哪个流派的治疗技术未必有帮助，也未必有意义。她说：“心理咨询师不会询问你想用什么方法治疗。这就像你跑去问一个机械师他使用的是哪些工具一样。专业的咨询师会先了解你的问题和性格，再做定夺。”

当然，请务必确保你的心理咨询师或心理治疗师隶属于相关的监管机构。还有一点值得注意的是，“心理治疗师”和“心理咨询师”这两个称呼经常交替使用，他们不需要满足特定的资质就可以从业（虽然他们会进行个人培训），而心理学家和精神病学家则必须完成专业培训才能获得职称。所有这些人都可以称作“治疗师”，这个称谓相当笼统，对不同的人有不同的含义。

你需要多少疗程取决于你的就诊原因。阿米建议尽量找有相关治疗经验的治疗师。国家医疗服务体系一般会给你安排六次认知行为治疗。这并不代表整个疗程结束后你定能痊愈，也不代表如果你认为还有问题需要解决也不应该继续治疗下去。最好能与你的治疗师一起设置一些节点，以便你回顾治疗进展，找出需要调整的地方。

归根结底，治疗没有死规矩，只有指导方针，也绝不该出现任何评判。我有朋友每周都要美甲，因为这会让他们自我感觉更好、更有韧劲、更能适应这个世界。出于同样的原因，我也选择每周和专业人士一起探索一次我的大脑。

非评判性倾听

Unjudgmental Listening

更好地理解患者的话

本书的一个核心观点是英语为我们提供的语言工具相当有限，不足以驾驭心理健康这样浩瀚无际的话题。多义词和歧义经常导致误解，进而阻碍心理健康的发展、教育与康复治疗。

我与无数成年或未成年的听众探讨过这个问题，他们的经历天差地别，但都对此表示同意。除了一个聪明绝顶的 14 岁少年，他患有高功能自闭症。我滔滔不绝地讲述英语的天然缺陷时，他举手说："我不同意。"我私下里其实很喜欢青少年质疑我，主要因为这表明他们具有批判性思维，此外还因为我很喜欢那种只能在中小学、专科院校和大学里见到的有趣辩论。

这个学生认为英语中的情感词汇比较贫瘠其实是种优势，因为它会迫使说话者去阐释他们的意思，从而激发出针对心理健康的探究性对话。这个观点很有意思，而且我得勉强承认，可能也是正确的，理论上是这样。

可是，他的理论忽略了人性，尤其是英国人的本性给交流带来了几个相当大的障碍。首先，我们对陌生或者说可能令人不适的东西，天生有所畏惧。通常情况下，当一个人流露出某种心理脆弱的征兆时，他很可能继而情绪失控、无理取闹，或者需要我们展现出一些我们未必具备的能力，我们会本能地回避这类情况。

其次，我们倾向于简单地认为说话者使用的那些词，就是我们平时说的那个意思，不会去询问他的本意。有一次，我访问上海一所国际大学，听到了一场精彩演讲，主讲人是位名叫史蒂芬·雅各比的英国教授。

在座每个人都能讲一口流利的英语，但他们却来自天南海北，英语也学自世界各地。在这种环境下工作，史蒂芬发现同一群人听到同一个词，会推断出大量相互矛盾的意思。有些词取决于听话人对文化的理解程度。还有一些词在一些国家有负面含义，令其他国家的人难以理解。

史蒂芬举了个很幽默的例子，有个中国香港的小朋友问他“bosom”是什么意思。我们不妨花点时间想想这个词的含义。它最基本的含义是“乳房”，但不止于此。这个词会让人联想到扎着辫子的挤奶女工那丰满的胸脯。“bosom”所指的胸脯是舒适的、有肉感的、丰满的，是个让人寻求庇护的怀抱。拥进某人或某物的怀抱就等于被接纳了。这个词有各种各样的引申意义，单单说是“胸部”不足以尽道。

而论及心理和情感词汇，语言环境中的障碍就更多了，因为我们对这类词都有强烈的个人体验。

以“grief”为例。像我来自埃塞克斯，一个美丽与荒唐并存的郡，在我的脑海里“grief”总关乎一些小摩擦，譬如因为账单问题发生争吵，或者在酒吧快打烊时喝得醉醺醺地闹事。在我听来这个词就像是在说“那边那个家伙可把我害苦了”。

然而，在一个刚刚痛失所爱的人面前说起这个词，多半会勾起截然不同的情绪。他们会联想到逝去的亲人，接下来的对话也会深受这股来势汹汹的复杂情绪的影响。

不仅如此，人们还会乱用临床术语，因为这些术语能较为准确地诠释他们的经历。譬如 2016 年 1 月 11 日，我得知大卫・鲍威去世了（那天碰巧也是我丈夫的生日）。有件事可能得说在前头，我不仅仅是鲍威的“粉丝”那么简单。毫不夸张地说，鲍威的音乐不止一次救过我的命。如果你是我朋友，你至少会有一张我送你的鲍威 CD。那是我根据你当时的音乐品味，绞尽脑汁为你量身定制的混剪 CD，只因我无比希望你也能爱上他。初到伦敦的头四年，我的起居室里摆放着一个鲍威的神龛，每一个被我的恶作剧骗回家的人都吓了个半死。我丈夫在柏林的汉莎录音室前向我求婚，鲍威在这里录制了他最经典的三张专辑。上次填写英国人口普查表时，我在宗教信仰那一栏里写下了“鲍威教”。

我丈夫 44 岁生日当天早上，并不是像往常一样被舞动的蛋糕和欢歌笑语唤醒，而是我一面发出微弱的抽泣声，一面试图钻到他的腋窝下。而且由于该死的奈杰尔，我完全无法告诉他到底发生了什么。大约五分钟后，他确认了鲍威逝世的消息，而我余下的一整天乃至随后的好几个星期，都感到莫名空虚。我当时满脑子想的都是，这个世界一如艾玛・汤普森在《真爱至上》中所说，“从此不再美妙”。

那么，你说那算什么呢？我没有丧亲，因为我并不认识鲍威本人。如果说我那是丧亲之痛，对鲍威真正的家人来说，未免太失礼了。我也没有患上医学上的抑郁症——我的悲伤有一个明确且合理的缘由，持续的时间也不长不短。我也不是单纯的“难过”。“难过”是你错过了要搭的船，是你在 TopShop[1]橱窗里看中的那条光彩夺目的铅笔裙卖光了。或许，更切题地来说，“难过”形容的是一个你很钦佩但并不怎么爱慕的名人去世了。

要说“痛不欲生”，那我应该无法正常生活，整个人生都犹如一摊烂泥，但我并非如此。另外，要是听到别人在这种情况下使用这个词，说得这么夸张，我会觉得很气人。

要不是我从事心理健康方面的工作，我可能会选择用“抑郁”来形容失去鲍威的感觉，它最贴近我的感受。但如果让患有临床抑郁症的人听了去，他们难免心生不快。

我们可以从中得出的结论是，如果有人对你说“我有些抑郁”，你多半并不知道他们到底是什么意思。这句话可以暗指任何事，从“我最喜欢的参与者离开了《埃塞克斯是唯一的生活方式》[2]，我有点郁闷”到“我今天晚些时候打算自杀”无所不包，涵盖位于这两种心理状态之间的无数个因人而异的意义。

非评判性倾听的核心旨在更好地理解对方所使用的术语的意思，认识到对方的理解不太可能与你的理解相一致。显而易见，非评判性倾听不会妄下评判，说“你有什么好抑郁的？”“你该去一个连饭都吃不饱的国家试试”或者其他态度鄙夷的比较性的蠢话。相反，非评判性倾听

[1] 一个英国时尚品牌，隶属当地最大的服装零售商 Arcadia 集团。——译注
[2] 英国一档真人秀节目。——译注

是发自肺腑地想要理解，是什么让对方走到了这一步。

非评判性倾听最重要的是关注当下。换言之，这不是一项你需要从待办清单上划掉的任务，重要性与烤鸡、洗衣服、写篇 2000 字的文章不相上下。相反，它需要你中止你一天的活动，将注意力悉数放在对方身上。

在进行非评判性倾听时，有时你会与对方沉默相对，如果你和我是一路人，就会觉得如坐针毡。我们大多数人都有一种强迫性的需求，总要用些废话来填补尴尬的沉默。但凡是记者都知道，想让别人开口说话，最有效的方法就是不惧沉默。

营造一个抽象的安全角落，满怀同情、不做评判，庇护你和你面对的倾诉者，这样不仅能让谈话进展得更顺利，经证实还有利于为大脑营造一个健康的化学环境。

神经生物学家论述了多巴胺在治疗过程中对大脑实现最佳化学平衡的影响。多巴胺分泌过剩会造成过度活跃，导致思路不清。如果你曾突然感到压力倍增，暗自着急"哎呀！我无法思考了！"，那你很可能遭遇过多巴胺分泌过剩的情况。

谈论心理健康的目的，通常是要让当事人冷静地反思他们为何会变成这样，以及将来打算做出什么改变。为了达到这一目的，控制多巴胺分泌水平绝对是重中之重。93% 的多巴胺都分泌于大脑的边缘系统，也就是我们的情绪控制中心。通俗地说来，这就是大脑的"心灵"所在。创造一个让对方由衷地感到有人倾听、有人理解的环境，是激活其边缘系统的第一步。

借用神经生物学家安德鲁·库兰博士一言："这就是我们所知道的

最古老的法则——爱。”

非评判性倾听的新手指南

你可能认为倾听是种很基本的技能，我们天生就会，因为我们需要听到声音。可惜，主动倾听比“听”要复杂一些，这种技能虽说与生俱来，但却经常为人遗忘，需要后天重新学习。作家兼演说家西蒙・斯涅克曾言：“倾听与等着发言是两码事。”这正是非评判性倾听的核心理念。

练习非评判性倾听的第一步是你自己要保持冷静。你可以试试本书“焦虑”一章中提到的呼吸练习来放松身心，你的镇定也能让倾诉者安下心来。我经常从青少年口中听到的一句话是：“我不能告诉妈妈 / 爸爸 / 老师，他们会崩溃的。”我相信大多数人都认为，如果他们将一直压抑在心里的情绪表露出来，就会立刻引发一场不可收拾的大灾难。你的首要任务就是消除这种恐惧。

在谈话过程中，还有必要记住不同的人会对不同的刺激强度做出反应。有些人把眼神交流视作一个标志，说明对方真心实意地对他们的话感兴趣，一片赤诚。另一些人则觉得很尴尬。不论他们是否愿意直视你的眼睛，都尽量依样画葫芦就好。

有证据表明，在性别连续谱上偏男性化的人（见本书“X 染色体”

一章），一般不太愿意坐下来谈心。他们更愿意在做别的活动时顺便谈谈，部分原因可参见本书“内啡肽”一章。

目前，主动进行非评判性倾听最重要的技巧是提出开放性问题。这种问题的特点是询问的内容需要用言语阐释，不能以“是”“否”作答。除此还应如上文所述，为了准确理解对方的意思，询问他所使用的词汇的确切含义。譬如，“那是种什么感觉？”“你从什么时候开始有这种感觉的？”“你觉得这种感觉存在于你身体的哪个部位？”，还有所有心理治疗师都常问的一个老套却实用的问题：“你对此是何感受？”

相反，胡乱假设是坦诚交流的死敌。有个九年级的小女孩大臂上有好些划痕，我曾听到护士对她说：“你为什么要这样对自己？你以后还怎么穿婚纱！”这是句反问，因此已经盖棺论定了，语气也带有批判性，言下之意是这个小女孩“这样对自己”完全是她咎由自取。更雪上加霜的是，她还进一步假设这个小女孩会憧憬结婚，而且会在婚礼上穿婚纱，届时她的疤痕就将有损这个护士认定的那种“完美”的新娘形象。

还请记住，你不是来为对方的问题提供解决方案的，这超出了你的能力范围（见本书“知己知彼”一章）。不过，你可以引导他们自己解决问题，或者至少确认一下他们可能需要哪方面的帮助。

有鉴于此，以下是我认为特别有用的一些开放性问题：

你想怎么办？

这个问题会迫使当事人不再纠结于问题本身，而是开始思考可能的解决方案。鼓励他们详细阐述这些解决方案，哪怕这些方案不太可能成为现实，因为也许还有些别的选择，而他们暂时没有考虑全。

其中哪些事是你有能力改变的？

我们人类有种将问题堆积起来的倾向。我们鲜少单独去考虑每一个麻烦，而是像滚雪球似的制造一个大得无计可施的困境。你或许曾和朋友有过类似对话：

你：最近怎么样啊？

对方：不太好。我的老板凶得很。杰克好像对什么东西过敏了。我还有一大堆文件要弄。我们的门廊塌了，搞得我快崩溃了。家里的狗爪子里又扎了根刺进去，去看兽医花了一大笔钱。我看地球快毁灭了，我们人类在劫难逃。

在这个例子中，你朋友把他的每一个烦恼都收割了起来，合成一个巨大无比的问题，看似无计可施。我们都倾向于这种思维方式。当各种或大或小、或急或缓的麻烦层出不穷时，我们的压力桶（见本书“自我护理”一章）将逐渐满溢，而我们（那喜欢编故事）的大脑就会假设我们“厄运”缠身，将发生的一切统统联系了起来。这就是神经语言程序学心理学家所说的“线下思维”[1]。厄运缠身将变成一个自我应验的预言，因为我们会开始积极寻找“世界在和我们作对”的佐证，证实我们的“眼光”（blick）（见本书“大脑”一章）。

重要的是要多角度地看问题，我们并不会被“诅咒”，只是生活随

[1]“线上思维”与“线下思维”指的是两种截然相反的应对问题的思维模式。“线下思维”主要包括责备、找借口和否认。——译注

机出现的问题有时就是会演变成一场大灾难。

显而易见，在这个例子中，你朋友首先要做的是把问题分解成可控的大小，然后排出个轻重缓急来。通常情况下，有时，仅仅是为你的情绪列一份待办清单，就足以让生活看起来更有希望，井井有条。

谁能帮助你？

我很惊讶我遇到的很多人，他们的信念体系中都存在一个核心观念：万事都只能靠自己——说得好像这种事真有人能做到似的。我们是群居动物，进化的方式就迫使我们必须相互依赖。每个人应该都有一个值得信赖的人际网，他们可以向这些人寻求建议和帮助，而这个问题是让他们确定自己可能是谁的第一步；同时还可以避免他们对你这个不做评判的倾听者抱有错误的期待，想从你这儿获得天衣无缝的解决方案。

这件事你考虑多久了？

有时，人们会有种说不清道不明的不安感，而大脑总想把这种感觉归结于一些看得见摸得着的东西。所以，如果你问他们“出了什么事？”，他们会将自己的恐惧合理化，并未意识到究竟是什么在困扰他们。而这个问题能将这两方面有效地区分。

最坏的结果是什么？

焦虑者的各种忧虑会在大脑中产生共鸣，让他们觉得自己一无是处。他们越是试图忽略这种想法，大脑就越会放大和强化，因为杏仁核觉得自己被忽视了（这个任性的家伙很不喜欢这样）。将让人害怕的想法清晰地表达出来，能让它们变得具体。只要说出来，通常就会发现那些想法真的很傻。

我和我的咨询师经常有这样的对话，每当我说自己害怕出洋相、遭人嘲笑或者犯错误时，我的咨询师都会绝妙地反问："那又如何？"毕竟，一如简·奥斯汀所言："我们活着是为了什么？不就是为给邻居当笑柄，再反过来笑话他们吗？"

重要的是，最好的结果是什么？

很多人都不自觉地信奉着一句老话：做最坏的打算，才不会措手不及。从生存的角度看这话不无道理，但时间久了对心态却没有好处。重要的是要让他们记住，最坏的后果只是无数结果中的一种而已。

如果你的朋友遇到类似问题，你会建议他怎么做？

一般而言，在同样的情况下，人们总是对自己比对别人苛刻。像对待朋友一样，给予自己同等的平衡、宽恕和仁慈，是抚慰一个不安的灵魂的最佳方式。毕竟，非评判性倾听并不是一种只限于人我之间的倾听技术，我们也应该像这样倾听自己的内心独白。

虽然这么做无法治愈心理疾病，但非评判性倾听相当于在心理上为一个人检查呼吸道，让他们采取安全姿势等待救援。操作得当，可以挽救生命。

发泄

Venting

不是每个人都有发泄愤怒的能力

我父母家有把扶手椅，布艺面料上印有一群飞翔的鸭子。它深藏在客厅的角落里，上面通常随意搭着一张舒适的针织毯，还放着一两本我妈正在看的书，家里的狗——梅偶尔也会趴在上面。（我们本不允许梅上沙发，但实际上我们都让她上过沙发，而且还以为其他人都不会让她这么做，觉得自己给了她“特殊待遇”。由此，她相当聪明地推断出，只要有一个人在场看着，她就能上沙发。）

每隔一段时间，家里就有人宣布“要去坐鸭子扶手椅”，这时所有人都必须放下手头的事，认真聆听。“坐鸭子扶手椅”意味着已经忍无可忍，不吐不快，必须发泄出来。不管是谁坐上了鸭子扶手椅的宝座，其他人都不能打断他。他有话要说，而且在那一刻，他要说的话最为要紧。最关键的一点是，一旦发泄完毕，今天就不能再翻旧账。

有时，家里来了客人，看到他们越发跃跃欲试，我们也会建议他们不妨坐上鸭子扶手椅试试。事实上，这已经成了我们朋友之间流传的一个笑料。他们会砰的一声把葡萄酒杯砸在酒吧桌子上，装模作样地大喊：“给我把鸭子扶手椅抬来！”

我曾在那张椅子上发表过各种各样的高谈阔论，包括但不限于：

我的那些前任对我做过的各种混账事；为什么人们老爱管孩子穿什么；为什么人们老爱管别人穿什么；非民选的英国独立党议员在电视辩论中露脸时间过长；图诺克斯[1]茶饼和其他人工合成的巧克力味都太恶心了；为什么西方国家不重视教育；许多人不承认气候变化；为什么我在飒拉[2]买的衣服都经不起机洗；有些人不等别人先下车就抢着上火车；为什么人们认为黑人演员领衔的电影就是专门拍给黑人看的；还有为什么所有胸罩都要在你的双乳之间挂一个愚蠢的丝绸蝴蝶结。

我听过最棒的鸭子扶手椅牢骚是我妈感叹本地专卖店日渐消亡，大企业的连锁超市应有尽有，从DIY材料到时装都在一家店里卖。而我爸则悄悄在她周围转悠，我妈一边说她讨厌那些超市巨头，我爸一边伸手指着那些她从同一家大超市里买回来的各种商品。这就是鸭子扶手椅的特点——你说话不必讲求逻辑，也没有人可以公然嘲笑你。

我父母敏锐地发现了想要建立一个有凝聚力的团体，你必须认识到，强压怒火会伤害团体中的个人，但不加控制、不分青红皂白地发泄怒火，又会伤害团体中的每一个人。心理学告诉我们，没有发泄渠道，愤怒会烂在我们心中，久而久之便转化成自我憎恶。因此，有证据显示，一个良性的发泄渠道具有很好的治疗价值。鸭子扶手椅可能只是一个玩笑般的举措，但这么多年来，我们都很受用。

[1] Tunnocks，英国老牌茶点制造商。——译注
[2] Zara，西班牙服装品牌。——译注

对英国人来说，健康地发泄愤怒是种很难把握的平衡。尤其是很多英国人基本只有两种模式：要么流露出沉默寡言、消极抵抗的笨拙；要么就在喝了一品脱[1]酒后发起攻势，要让你知道知道他到底怎么想的。据我观察，他们最大的心理障碍是害怕被指责，或留给人野蛮粗鲁的印象。

几年前，我有幸和我一直都很喜欢的一位美国大码超模共进晚餐。她似乎和所有纽约人一样，有种与生俱来的能力，说话既直来直去又不失友好（我发现苏格兰人也有这种天赋）。任何一个在当地待过一阵子的人，都能很自然地笑着对你说“滚一边去”，而让你感觉不到半点冒犯之意。

吃饭时，她讲了一件事，我以为话至尾声了，就接话说：“噢，这让我想起我之前遇到的一件事。”这时，她坚决却又爽朗地说：“我很想听你说，但我还没讲完……”

每个听我说起这件事的英国人都倒吸一口气惊呼“太无礼了吧！”，仿佛这个模特犯了什么滔天大罪。然而我之所以给他们讲这件（稀松平常的）事，是想说明其他国家的人是如何用一种我认为更健康、更坦诚的方式来表达自我的。

如果我与她角色对调，我也会介意我的故事还没有讲完，但我什么也不会说。我为讲述这个故事而鼓起来的那股劲儿，会积在我喉头久久不散。错过说话时机的不满会妨碍我专心享受剩下的晚餐和对话，并最终纳入我自我憎恶的个人账户中，我生平遇到的一切不公都储

[1] 容量单位，英制一品脱约等于 568 毫升。——译注

存在里面。

倘若我和那位模特相交已久，我可能会形成一种确认偏误，觉得她“从不听我说话”。每次我觉得她没有好好听我说话，都会加深那莫须有的确认偏误。直至有朝一日，我被自己编造的这种不公感冲昏头脑，无缘无故地冲她大吼大叫，从而致使我们的关系濒临破裂。

情绪，就像其他能量一样，是无法被摧毁的——它们必须有个去处。换言之，但凡有人跟你说“这事放在心里就好”，实际上无异于是在说“别把情绪发泄出来，留在自己心里慢慢痛苦去吧”。

情绪也很像红绿灯，如果你快刀斩乱麻，便是一路绿灯。如果你让黄灯变成了红灯，也就受困于此、无法前进了。

健康地表达愤怒的另一个障碍是担心我们气头上说的话会被揪着不放，以后每次争吵都注定要被翻旧账，至死方休。这个想法陷入了一种恶性循环，因为人们越是不肯用健康的方式表达愤怒，我们面对的愤怒就越少，也就越是会不自觉地相信我们只能在“忍无可忍”的情况下，才能表现出挫败之情。

这导致我们只得在两种状态间来回摇摆：强装平静和掀起骚乱。家暴受害者往往最能体会这种现象的苦果，他们时而生活得如履薄冰，时而不得不忍受施暴者突然的暴怒。家暴幸存者告诉我，风平浪静的那段时期，愤怒暗流涌动，没有任何表达，他们只能小心翼翼地猜测自己“做错了什么”，这比暴力本身更骇人。

虽然这个例子看似很极端，但我从中意识到，若一个社会容不下任何形式的愤怒，在这种文化氛围下，反而会促使更多人采取危险而恶毒的方式暴力泄愤。正因如此，习惯表达愤怒和面对愤怒才是可取之道。

我家设下鸭子扶手椅的理念是，发泄者完全有资格改变自己的看法，第二天、下个月、明年，乃至刚抱怨到一半就幡然醒悟是自己在犯傻都没问题。

此外，我们也绝不会动用鸭子扶手椅解决与家里其他人的纷争——那样未免太不公平了。不过我想在需要进行这样的对话时（通常都是我或我的兄弟姊妹做了什么要挨训的事），我们可以开诚布公、毫无畏惧地说出来，很大程度上都得归功于我们一直以来都有这样一把鸭子扶手椅。

生气的新手指南

请跟我重复一遍：发怒未必是件坏事。

我们每个人都会生气，如果没有办法和机会表达出来，就会损伤我们的自尊心以及我们与他人的关系，而这两者都是心理健康的基石。

找到一个由密友或亲人组成的小圈子，你可以在他们面前发脾气，也不至于被误会。设定一些基本规则：如果情绪不佳，谁都可以发泄，但必须遵守一定的时空限制，换言之，不能一整天都揪着不放。愤怒犹如顽皮的小狗，需要有界限。

如果你是在聆听别人的抱怨，那你要明白眼前人只是在宣泄情绪而已。不要随便对号入座（譬如你朋友说“我讨厌香薰蜡烛上面的标签，粘上了就撕不干净了”，她并不是在含沙射影地暗指你上次一时糊涂酒后乱性的事）。别将他们的愤怒往自己身上套，更不必为此气恼。

要是你需要与你所爱的人或生活中的熟人谈谈你对他们的不满，尽量就事论事，不要轻易指责。与其说“你让我觉得……”，不如说“你这么做的时候，我感觉……”，后一种表述更尊重事实，因为没有人能真正让你产生什么感觉，况且他们很可能也不是故意的。请相信你有权这么做。你与其他人一样举足轻重，也一样微不足道。

恰当地表达愤怒需要多多练习，如果你是英国人，则更是如此。我发现礼貌而坚定地投诉糟糕的客户服务，是个很好的开始。我第一次给出租车公司打电话投诉时，觉得自己浑身上下充满了力量。我说：“你们的车总是晚到 20 分钟，我觉得你们不重视客户，是这样的吗？”令人欣慰的是，世界没有因此爆炸，我也没有被当即逐出“礼仪之邦”，问题也得到了圆满的解决。

对那些没有养成健康的发泄习惯的人来说，你的愤怒箱中可能积攒了大量怒火。想要发泄的话，可以做些体力活动（尤其是拳击）、放声高歌或者跟着愤怒的音乐尽情摇摆（我发现博多之子[1]的音乐特别适用）。倘若有条件，还可以采取老一套的办法，找片空地铆足劲儿放声长啸（说来也巧，博多之子的主唱也是这么干的）。

我的心理咨询师还教了我一个妙招：当我压抑着满腔的挫败感回

[1] Children of Bodom，芬兰的一支重金属乐队。——译注

到家后，我会拿出一个气球，气鼓鼓地把我无处发泄的怒火一口气全吹进去，而后松开它。这样既形象地释放掉了我的愤怒，也用万能的幽默打破了紧张的气氛。因为不论是谁，也没法在一串放屁声中板着个脸。

大麻

Weed

对毒品的看法在不断变化

我以前写过探讨所谓的娱乐性毒品的文章，由于我的社交圈子里有心理健康问题的人比较多，所以我几乎都是从成瘾的角度来探讨这个话题的。之后，有人联系我说，他们吸食娱乐性毒品“只是图个乐子”，还请我记住不是每个人都“有毛病”。所以，考虑到他们的诉求，也因为我认为相信那些向你吐露亲身经历的人是一种尊重，在此我想首先承认不是每个吸毒的人都有“心理问题”。但另一方面，我似乎也从未见过哪个经常吸食大麻或可卡因的人过得很快乐。当然，我并不是说，绝不存在这种人。

据我观察，不同年代的人对吸毒的看法有很大的差别。过去十年，饮酒和吸烟的年轻人人数持续下降，很多地方都视之为一大胜利（尤其是卫生部，他们颁布的提高酒类单价和强制推行吸烟有害警示包装的政策，与烟酒销量下降的时间几乎同步）。

然而，相比他们的父母，欧美的千禧一代更倾向于认为吸食娱乐性毒品没什么大不了。倒不是说吸毒是种新兴现象，而只是曾经我们一度认为只会发生在摇滚歌手和电影明星身上的事，现在已经成为影响巨大的社会问题。我们很难说得清这究竟是因为现在获取毒品更容易了，还是烟酒价格飙升造成的意料之外的讽刺性后果，抑或只是因为每一代人都想开辟一条不同于父辈的道路。

正因如此，我还从未见过哪个学校的毒品课能真正引起学生的共鸣。我是利娅·贝茨那个时代的学生，众所周知，这个女孩因在一次聚会上服用MDMA（一种摇头丸）而死于非命。我们学校也播放了当时的青少年都看过的那卷录像带，其中重现了派对场景，还有利娅家人悲痛欲绝的证词。这卷带子传达的信息是“如果你吸毒，不是丧命就是坐牢”，因为当时我们身边都没有人吸毒，所以便无可反驳地相信这是事实。

自那之后，流行于年轻人中间的毒品文化早已天翻地覆，但针对这一问题的教育却大致相同。只不过现在存在“真理间隙”了。而今吸毒如此公然、如此普遍，年轻人知道自己不一定会进监狱，也不一定会死。虽然小报类的主流媒体仍然反对使用违禁药品，但年轻人热衷的媒体——网络文化杂志和油管视频——对此抱以一种更开放、（也可以说）更折中的看法。

以上所有思索都旨在迂回地表明，本章将要探讨的是最坏的情况。我绝非彼得·希钦斯[1]那类人，只要有人靠近大麻烟两米范围内就口诛笔伐。我不会妄自评判吸毒者——不过在这种没有监管的行业内，发生的一些侵犯人权的行为委实骇人听闻。

[1] Peter Hitchens，英国保守派记者兼作家。——译注

为什么会成瘾?

几乎所有心理健康问题，专家推荐的自我护理方式中都会提到不碰毒品并减少酒精摄入。主要是因为它们容易引起情绪波动，影响处方药的疗效。酗酒和吸毒会使大脑中充满多巴胺。而将多巴胺控制在正常的平衡水平，是保持心理健康的关键。多巴胺分泌过剩会产生去抑效应，使我们容易做出冒险行为，思维混乱。

大麻和致幻剂都与抑郁症和精神病存在相关性（见本书“精神病”一章）。不过相关关系不等于因果关系，我们并不清楚究竟是有心理困扰的人更容易靠吸食大麻和嗨药来转移注意力、自我治疗和放松，还是只要服用这些毒品就可能引发相关症状。我倾向于前者，尽管我认为这两种说法都有一定道理。

在 2016 年的一场议会辩论中，有种颇具争议的观点认为，英国之所以每两个小时就有一名男性自杀，是因为男性的吸毒率和酗酒率更高，进而导致了自杀行为。这个观点忽略了心理疾病在传统的男权文化中仍被视作“软弱”的标志，因此造成成瘾和最终自寻短见的原因很可能是他们无从表达痛苦。详情我将在“X 染色体”一章中另行探讨。

不可否认的是，酗酒和吸毒会加剧心理健康问题原有的不良症状，使医疗干预变得难上加难，虽然具体原因仍不明确。大多数心理治疗师都会拒绝治疗明显醉酒的患者，不过他们也承认有时候酗酒和吸毒是种转移心理痛苦的生存策略，如果没有建立起有效的安全网就贸然中断这些行为，可能会增加自杀风险。

戴维·纳特教授（另一位在一片哗然中被政府解雇的“专员”）认为，有些人的杏仁核天生就会对压力反应过度（见本书“焦虑”一章），这类人容易被酒精和毒品吸引，因为他们需要靠别的东西缓解压力。这与多巴胺水平低所产生的冲动一样，是导致“成瘾”的又一原因。他的研究结果表明，成瘾与抑郁症一样是种疾病，不是吸毒带来的副作用。

一如之前所言，围绕成瘾问题的争论存在一个根本分歧。致瘾物质导致了成瘾问题的观点，现已越发站不住脚。相关领域内的多数专家都一致认为，成瘾患者几乎可以对任何东西上瘾。这或许可以解释为什么毒瘾、酒瘾都与贪食症存在很强的相关性，贪食症本质上就是一种对食物上瘾的“代偿性”行为（见本书“食物”一章）。

在成瘾问题上，公众一直认为只要吸食可卡因等毒品就会自动上瘾。直到 1981 年，一项名为“老鼠乐园”的研究问世，旧有观点受到挑战。该实验始自 20 世纪 70 年代，由加拿大西蒙弗雷泽大学的布鲁斯·K. 亚历山大及其同事共同完成。

为了证明造成成瘾的不是致瘾物质本身，而是环境因素，亚历山大打造了“老鼠乐园”。乐园的面积是标准实验室饲养笼的 200 倍，配有娱乐设施、丰富的食物和宽敞的交配空间。《追逐尖叫》的作者约翰·哈里称其为“老鼠的迪士尼乐园”。研究人员为老鼠提供了两瓶水，一瓶加了吗啡，一瓶只是白水。与独自生活在饲养笼里的对照组不同，乐园里的老鼠对吗啡并不感兴趣。实验表明，导致成瘾的关键因素不是致瘾物质，而是饲养笼的性质。

如此看来，成瘾所需的条件似乎包含杏仁核过度活跃和缺乏多巴胺的生理倾向，再加上充满挑战的环境（这就解释了为什么经济贫困地区吸毒率更高)。

在心理学上，成瘾主要包括两大因素。第一个是低自尊。觉得自己不够好，会让人想方设法地转移自我憎恶或通过消费自我“矫正”。这就是消费资本主义赖以生存的模型(见本书“资本主义”一章)。而不断获取商品和物质这招迟早会失效，因为我们还是和当初一样一点没变，我们的问题也一点没解决，出于习惯我们会把失效的原因揽在自己身上。由此产生的羞耻感进一步加剧了低自尊，从而引发新一轮循环。

在这种框架下，成瘾在很大程度上其实是社会结构所带来的副作用。

成瘾的第二个心理因素是所谓的自我意识断裂。我们都有呈现给外界的一副面具，它与真实的自我不同。而这两者间的距离越远，就越容易出现心理健康问题，尤其是成瘾问题。众所周知，接纳感和归属感是良好的心理健康状态的两个重要因素。如果我们在人前的行为方式与独处时的行为方式截然不同，或是与我们的内心感受南辕北辙，就表明我们存在强烈的内心冲突，或者说自我憎恶。

我们大多数人都会产生这样的思维过程，这正是成瘾机制的一部分，考虑到这一点，我们对其他有成瘾问题的人的态度似乎有些可笑。我们称其为“吸毒犯”“瘾君子”，仿佛他们与我们没有丝毫关系。可事实上，他们代表了一群被现代社会击溃的弱势群体，而这个社会正是我们共同构建的。

我们并非绝对无法与有成瘾问题的人共存。所有心理健康问题几乎都涉及保密的问题，导致你不得不对所爱之人撒谎。而若是吸毒成瘾，其中的绝望感往往会引发一些严重的伤害性行为，乃至犯罪。我想，正是这一点让很多人难以同情瘾君子。

然而一个残酷的事实是，最需要我们关爱的人群，往往正是我们最难给予关爱的那些人。

禁用大麻和其他违禁药的新手指南

一般说来，当你觉得自己需要喝一杯或者嗨一下的时候，多半正是你不该那么做的时候。譬如，酒可以暂时缓解焦虑和压力，但众所周知它也是一种抑制剂。换句话说，翌日酒醒后你的症状照样会卷土重来。用本书“自我护理”一章中的压力桶来作比的话，酒就相当于“堵塞水龙头”的策略，而非“排空压力”的策略。我知道这个建议说起来容易做起来难，这就是为什么众多有毒瘾、酒瘾的人都选择遵循 12 步戒断法控制自身行为。

如果你正在服用治疗心理疾病的药物，酒精和毒品会影响药效。而且还可能导致你只喝了三口半葡萄酒就醉得不行（这是我刚开始服用舍曲林时的惨痛教训），胃里翻江倒海，最后冲着你丈夫的蛇皮牛仔靴吐得稀里哗啦的。

要是你经常吸食大麻、使用其他毒品或每天饮酒超过四个酒精单位，心理健康服务机构可能拒绝为你提供治疗，除非你都戒干净了。不过要是酗酒和吸毒的行为是心理疾病所致的话，这种做法就欠妥了。但归根结底，不论存在何种成瘾问题，都会影响治疗效果。因此要想康复，在开始心理治疗之前，你可能得先经历一段戒断期。

显而易见，使用违禁药品从没有绝对“安全”一说。但从统计数据上看，成瘾才是最大的危害。如果你觉得进入一个完全不同的世界是逃避现实的唯一方法，那你要知道，等你回来的时候，你和你的现状依旧在这里等你。

X 染色体

X Chromosomes

性别刻板印象

即便只是粗略地扫一眼心理健康的统计数据，也不难发现其中存在明显的性别差异。

女性确诊焦虑症或抑郁症的概率是男性的三倍。有些人（在此特指《每日邮报》的专栏作家）喜欢把这个数据断章取义地拿出来，诋毁心理疾病的真实性。他们围绕着女性“多愁善感”的刻板印象做文章，说男性发病率较低的“事实”证明我们所面对的心理疾病泛滥，其实只是女性无病呻吟而已，并非货真价实的情感需要和医疗问题。例如，一份政府委托调查的研究报告显示，英国年轻人的心理健康危机日益严峻，尤其是患抑郁症的少女更可谓与日俱增。莎拉·瓦因（时任教育大臣迈克尔·戈夫的妻子）针对这份报告在《邮报》上发表文章回应称：

> 原谅我不愿加入这种自讨苦吃的担忧之中。虽然我相信21世纪的英国女孩生活得并不轻松，但还请现实一点，这儿又不是阿勒颇[1]……不错，真正患有心理疾病的一小撮少男少

[1] 叙利亚第二大城市，近年来饱受战火摧残。——译注

女值得我们每个人同情。但毋庸置疑，问一个 14 岁的少女是否不开心，就好似问一只狗是否想出去散步一样。

不错，如你所料，敲下她这段话时，我中途不得不停下来好几次，去找些无生命的东西打两拳泄愤。

瓦因的这段话忽略了许多关键的背景因素，譬如抑郁症只是众多心理疾病中的一种而已。男性形成酒瘾或毒瘾的概率是女性的三倍。男性的自杀率也远高于女性。截至我写这一章时，英国每四位自杀者中就有三位是男性。自杀是英国 50 岁以下的男性的头号死亡原因，也是 10 ~ 24 岁男孩的第二大死亡原因。仅 2015 年，就有 4621 名英国男性自尽——每两小时就有一人自杀。此外，90% 的自杀都是未经诊治的抑郁症引发的，因此瓦因的观点完全站不住脚，她的观点全建立在男人和男孩不会得抑郁症的基础之上。归根结底其实是男性不太愿意谈论自己的心理健康问题，或者为此寻求帮助。

本章我想探究一下，这类统计数据对我们认识性别和心理健康之间的关系有何启示。不过，首先有必要解释一下我所说的“性别”的含义。

2018 年，教育界、流行文化领域和推特的各种回音室[1]里掀起了一场激动人心又让人有些害怕的辩论，探讨性别究竟是什么以及它如何影响着我们的生活。我接触过的一些科学家发自肺腑地相信，男性和女性天生就注定要扮演不同的角色，男性化和女性化的特质扎根于我们的

[1] 指社交媒体上存在的一个个相对封闭的环境，一些意见相近的声音会在里面不断重复，令人信以为真。——译注

遗传密码中，而跨性别者的存在恰巧证明了这一点（因为他们认为，若非生来就具有男性或女性思维，又怎可能觉得自己生错了身体）。我见过的另一些专家则认为，男女之别尽数源于社会建构的性别偏见。我们很小的时候就被灌输了这些性别偏见，进而演变成了一个自我应验的预言。

我和在校青少年一起做过无数次活动，探索他们潜意识里的性别刻板印象。以下是提及男性和女性他们最常联想到的词（做好思想准备）：

男性：强壮、大、肌肉、体毛多、有体味、力量、坚忍、理性、逻辑、科学、运动

女性：小、纤细、柔弱、漂亮、感性、黏人、话多、烦人、粉色、购物

别忘了，这些观念都是从他们所处的社会中吸收来的。

有个术语叫神经可塑性，指的是我们的活动能影响大脑发育。如果我们反复练习某项技能，大脑中掌管该技能的部分就会增长。因此，我们的行为也会直接影响我们思维的进化模式。神经可塑性与性别偏见相辅相成，共同塑造了我们的个人性格和社会环境。

神经学家杰克·路易斯认为，我们从婴儿期起就被鼓励去做的那些事，与其说是本能，不如说是受到了周围成年人的性别偏见的影响。譬如，有项实验对调了男婴和女婴常穿的服装——女婴穿蓝色，男婴穿粉色。然后让一群不认识这些婴儿的成年人进入实验室，并观察这些人的行为。

穿粉色衣服的婴儿被抱起和抚摸的次数更多，哭泣时也更容易得到安抚。成年人与他们的眼神交流更频繁，和他们说话时的声调更高。穿

蓝色衣服的婴儿则经受了更多考验。研究人员要求每位成年人选择一个婴儿，将其放在他们认为该婴儿能够爬得动的斜坡上。穿粉色衣服的婴儿被放在了最平缓的斜坡上，而穿蓝色衣服的婴儿所在的斜坡非常陡峭，其实他们根本爬不上去。因此，虽然这些成年人依据他们以为的性别，对婴儿做出了符合传统性别原型的行为，但不可否认的是，他们并没有回应婴儿本身发出的信号。

有阴茎的婴儿和有阴道的婴儿，刚出生时的大脑绝无显著不同。通常到了青春期，男性和女性的大脑才会出现明显分化。心理学家倾向于认为，这是因为男性和女性有着本质的“不同”。但若将神经可塑性考虑在内，就还有一种可能：男性和女性的大脑差异至少有一部分是社会文化环境使然。

正如贾维德·阿卜杜勒蒙博士在BBC纪录片《男女不再有别》中展现的那样，小学生由于缺乏荷尔蒙，男女之间并没有本质的不同，但他们却已经表现出了截然不同的行为模式，这很可能是对社会暗示的反应。女生容易被贴上情绪障碍的标签，而男生则是行为障碍。我猜这些孩子的内心感受恐怕并无二致。有区别的只是他们学会的表达方式，以及更重要的，成人对他们的行为做出的解释也不同。

虽然一些性别刻板印象符合我们随处可见的事实，但并不意味着它们是先天注定的，也不意味着就算撇开文化的影响，男性和女性仍会自然而然地发展出相应行为。例如，虽然研究发现女性每天比男性多说13000个字，为女性“话多”提供了佐证，但你不得不怀疑这是不是因为我们总是鼓励女性表达和交流，而男性则被鼓励用其他方式表达自我，譬如肢体上的表达，乃至暴力行为。

我并不是说，在一个完全可以自由选择的世界里，任由人们自主发展，男性和女性普遍感兴趣的东西不会呈现出某种模式，我想说的是，我们的社会环境中性别偏见如此根深蒂固，以至于我们到现在都未曾察觉。我们熟知的所有男性和女性与生俱来的心理“形象”，几乎都只是猜测而已。

作为一个女权主义者（也就是“崇尚平等的人”），我热衷于为每个人争取选择的自由，不论他们是何性别。目前，我们的选择和行为都受制于我们的性别，要尽量表现得“正常”，而在心理健康方面则更是如此。我也赞同西伦敦大学的高级讲师本·海恩博士提出的观点，他说社会为男性和男孩建构的性别原型，在许多方面比女性和女孩的性别原型更压抑。

所以，我们不妨来研究一下这些刻板印象，看看它们对我们的健康造成了怎样的影响。在进入正题之前，我得先提一句：性别具有一定的规模。我所说的“男性”和“女性”指的是一个均值，即无数可能性中的中间值。以下概述也远非人人适用。

女性花容月貌

有个问题长久以来一直为人争论不休，究竟是女性“犯贱”自讨苦吃地去追求一些抽象的审美概念，还是男性任意妄为地苛求女性变得“性感”？答案其实两者皆非。

女性为追求审美范式往往需要忍受痛苦、耗费大量时间，这些审美范式本质上源于男权主义，因为这正是剥夺女性权力的手段。苏茜·奥巴赫在其 1978 年出版的大作《肥胖是女权问题》中写道，纵观历史，理想的身体形象总在女性解放时期变得更加严苛，仿佛女性显得有些飘飘然了，需要好好挫挫锐气了。不过，我还是要不厌其烦地说一句，“男权主义”和“男性”不是一回事。

真正的问题在于那些价值数十亿美元的美容、时尚和健身行业。他们不仅利用我们的不安获利，还大张旗鼓地制造不安。他们创造那些需要矫止的缺陷，证明自家产品的价值，并为此制造需求。久而久之，审美范式变得越来越苛刻。

这样一来，美貌就成了大多数女性需要不断付出心力、为之烦恼的问题，可能引发焦虑，最起码也有损自尊心。女童军[1]发放的全国态度调查问卷显示，年仅七岁的女孩已然认为比起成就和性格，社会更看重她们的外貌。全球广告专家琼·基尔伯恩博士意味深长地指出，追求外在“完美”的必要性与这种追求注定失败的双重信息，对大多数女性的自我认知造成了毁灭性的影响。

男性身强力壮

然而，需要特别注意的是，由身体意象引发的焦虑远非女性独有的问题。心理学家马丁·西格在国家医疗体系内从业30年，他认为女性的“羞耻点”关乎美貌，而男性的“羞耻点”关乎力量。就像女性普遍害怕给人留下丑陋的印象一样，男性也普遍害怕给人以弱不禁风之感。故而，难怪2015年《每日电讯报》的一项调查显示，45%的英国男性

[1] 女童军（Girlguiding）是英国的一个慈善机构，也是全英最大的仅服务女性的青少年组织。它教授女孩和年轻女性生活技能，并聘请媒体大使来宣讲与她们息息相关的问题，比如身体意象、心理健康和性别歧视。

一生会患上一次所谓的“健身过度症”（痴迷于锻炼肌肉）。

我不怎么喜欢“健身过度症”这种说法，我认为这种说法淡化了一个极其严重、危害生命的问题。慈善机构“男人也会饮食失调”主要呼吁为患有饮食失调的男女提供平等的治疗服务，该网站上的留言充分显示出强迫性运动行为在男性中流传的广度与深度。他们锻炼的初衷可能是不愿被人“小觑”，乃至是真心实意地渴望变得健康健美，但之后却逐渐失控，购买了大量不必要的蛋白制品、化学奶昔、药片和冲剂，还开始严格限制饮食（除非你是专业运动员）。

此外，美容业对男性市场的控制力似乎也越来越强。上一节中提到的低自尊及其与心理疾病之间的关系，在此同样适用。我不禁在想，虽然女性发声说希望有一个公平的竞争环境，但若因此就认为男性也应该受资本主义摆布，放大和加剧他们的不安，无疑是个天大的误解。

女性话多不理智

如果你是女性，这种刻板印象给你带来的好处在于，社会可以接受你公开谈论自己的情绪和心理健康。这意味着你可能一直留意着自己的情绪状态，从而更可能及早发现心理异常的迹象。而且别人也会留意到你的这些症状。理论上，这会使女性更倾向于寻求和接受早期治疗。

不过，这个刻板印象也可能使得心理疾病在女性群体中被视若寻常。如果你所有女性朋友都说自己有焦虑和抑郁的感觉，你多半会觉得女人都要经历这些。如此一来，你便不太可能去寻求心理援助。你也许还会感到一丝内疚和羞愧，因为你以为大家都在一面想方设法地应对自己的心理困扰，一面正常地生活，吐露自己的心理问题，唯有你做不到。

另一个不利之处在于，女性的心理健康困扰很可能得不到重视，在社会环境中自不必说，有时就连医疗环境中也是如此。我们习惯于默认女性说话总有些夸张，小题大做。

虽然自杀身亡者以男性居多，但自杀未遂的女性更多。人们常常将自杀未遂轻描淡写地视作“只为求救”而已。这里的“只为”二字令我深为气恼，原因在“只为寻求关注”一章中已经说过了，这等于是在暗示自杀未遂在某种程度上只是一种任性而已，不必太当真了。然而，有人寻求关注，不正是因为他们迫切需要受到关注吗？我认为之所以有这么多女性选择用存活概率较高的办法自杀，是因为她们觉得唯有这样才能表达她们内心绝望之深，才能引起他人的重视。

倘若你恰好是位与众不同、不怎么健谈的女性，那么“女性都是话痨”的成见还会给你带来另一个问题。那就是人们倾向于认为只要女性没有将痛苦表达出来，就多半没什么大碍——这种想法可能会妨碍你获得早期干预，而众所周知早期干预对于心理疾病的康复至关重要。

男性坚忍克己

我们的社会文化对“力量”的定义离不开坚忍与牺牲。我们认为自己的事情自己处理，不引人注意给别人添麻烦，遇事“咬牙坚持”，就是性格“坚毅”的表现。大多数情况下，我们主要期望男性能够符合这种对力量的定义。

自小我们的文化就教育男孩有泪不轻弹，不管是承认自己的感情还是关心别人的感受都很“娘”（所以不能成为娘娘腔的同性恋），与其动嘴不如动手。周围成年人对他们说话时的措辞、鼓励他们玩的玩具和为他们树立的榜样都反映出这一点。

待到这些男孩进入青春期后，我因为工作关系空降到他们身边，发现其中许多人都明显缺乏我所说的“情感词汇”。他们能感觉到自己有些不太对劲，但与大多数女孩不同，他们从未在生活中反复练习识别、命名和表达自己的不安。不出所料，他们更难说清自己到底出了什么问题。我在学校里做的调查清楚地表明，这些青少年唯恐说出自己的感受会遭人嘲笑和责备——何况很多时候，他们也找不到合适的语言。

这些男孩还告诉我，就算他们真的使用情感词汇表达自我，他们也觉得身边的人恐怕不能正确理解他们凭着直觉说出的那些话。我认为这是个恶性循环的问题，根源在于我们认为男性不会有心理健康问题，于是众多研究都以女性为研究对象，干预措施也针对女性而设计。

无法说清自己的烦恼，哪怕想说也无人倾听，难怪我们会看到这样一种势不可当的趋势：男性纷纷使用违禁药品和酒精自医自病，及至最终他们的痛苦超过了他们应对痛苦的资源，自觉走投无路，唯有一死。

打破性别刻板印象的新手指南

大多数针对男性心理健康的干预措施都犯了一个错误，他们传达的核心信息是“男人，遇事你得说出来”。这等于说所有这一切都是因男性比起谈心宁愿自杀而起。这种说法的本质是在指责受害者。有些推崇健康生活的人也是这个逻辑，才会说出“胖子，少吃点如何？”这种话。要真有那么简单，他们早就做了。相反，我们真正应该做的是去研究男性的生活环境，弄清为什么他们很难开口谈论自己的心理健康。

几年前，我在一所男校做了一些调查，询问一群六年级的学生，哪种环境能让他们最为自在地谈论内心的感受。他们觉得体育馆是个适合这种话题的“安全”场所，还有车里也是。学校里有位老师深受信赖，孩子们都很愿意向他倾诉。他们找他谈心时，总是在运动场上边走边说。

由此我认为，流行心理学家说男性在谈论困难话题时不愿进行眼神交流很有道理。故而反思一下大多数心理咨询室的布置，便不难理解为什么很多男性不愿去做咨询。如果你想让一个在性别连续谱上偏男性化的人吐露心迹，最好边谈边做点活动，既能消除紧张感也能消除一个交流障碍。

除此，我坚决认为，我们必须颠覆社会对“力量”的定义。想想看，如果我们对男性说“勇于开口是种坚强的表现”“寻求帮助是在占据主动”“你可以通过倾听来帮助周围人”，他们的行为将会产生怎样的改变？

改变语言，从而改变潜在的叙事思维，彻底改写游戏规则。我们也可以用这种方法打破错误的、伤自尊的审美标准。在性别连续谱上偏女性化的人需要知道，她们的价值远大于各个身体部位之和。别再滔滔不绝地谈论外貌、无足轻重的时尚和变美建议了，我们应该让身边人知道我们理解、接纳和欣赏他们的性格和行为。下次你再想说“你的鞋真漂亮”时，不如改说“我喜欢和你相处。你诙谐 / 善良 / 有趣 / 机敏 / 幽

默 / 勇敢 / 有才 / 善于倾听 / 烤得一手好蛋糕 / 古灵精怪”。

毋庸置疑，媒体对两性的刻画委婉说来也相当无益。在凯特琳・莫兰[1]和罗伯特·韦伯[2]等叱咤风云的破局者的带领下，社会正在朝着好的方面公开讨论和剖析性别刻板印象造成的影响。然而，我们个人要想不受性别期望的束缚，真正需要做的唯一一件事就是不要再被肌肉、臀部、胸部蛊惑，与我们眼前人进行真实的交流。

[1] Caitlin Moran，英国记者、作家、广播员。——译注

[2] Robert Webb，英国演员、作家。——译注

年轻人

Young People

对年轻人的偏见

无论是在政府层面上还是在媒体上，我都将自己定位为年轻人的代言人（同时也关心他们、教诲他们）。我为年轻人撰文发声——因为财政紧缩措施害得 25 岁以下的群体吃了大亏；因为 18 岁以下的群体的需求和关注点往往与父母有别，却没资格投票；也因为年轻人最容易罹患心理疾病，而又得不到充分的医疗服务，一如下文所述。我认为如我这般有幸拥有一个平台的人，有必要站出来为年轻人争取权益。

这项工作要求我把自身的现实放在一边，全身心投入他们的生活中去，如此才能一五一十地将他们面临的挑战和需求传达出去。在此过程中，我也从他们那儿发现了很多新观念，加深了对世界的理解（譬如第四波交叉女权主义[1]）。

所谓的“千禧一代”遭受了很多指责，报道他们大啖牛油果、自恋、沉迷电子产品的新闻已成老生常谈，为那些专栏作家和权威专家无意义地煽风点火提供了一套方便的说辞。

---

[1] 欧美千禧一代推崇的女权主义与过去的女权主义思潮不同，她们的身份认同不仅有性别，还交织着各种错综复杂的其他社会因素，譬如人种、阶级、党派等。——译注

我生于1981年，严格说来不能自称“千禧一代”（它指的是出生于1985 ~ 2000年间的一代人），但这一代人界定自我的方式让我备感亲切。他们身上被视作“脆弱”，乃至被侮辱性地称为“玻璃心”的东西，我认为其实是种勇气。他们以此挑战了社会定下的那些害人不浅的标准，暴露出社会结构和集体无意识中的种族歧视、性别歧视、恐同与不公。有些人认为他们都“想在油管上当网红”，但在我看来这直接反映出传统工作就业困难，难以挣到一份体面的薪水的现实，同时也是在一个日益数字化的时代开拓事业的一种创新性尝试。他们对牛油果的喜爱，我认为是对自己的健康负责。他们知道加工食品缺乏营养，希望能为自己灵魂栖身的这副躯壳提供适当的滋养。

我现在接触的青少年多是00后，但他们依然非同凡响。在我看来，每一代新人都出人意表地比上一代人更聪明、更包容、更有情感修养。他们以一种美丽而清醒的视角看待性别流动一类的现象，他们的父母往往难以理解。我在中小学、专科院校和大学工作的这十年间，见证了一场意识形态革命，我很自豪能够为这场革命代言。

不过话说回来，这一代年轻人的负担也前所未有地沉重。先别急着把你手头的厨具（或是其他触手可及的东西）朝墙上乱扔，怒吼“他们可个个都有智能手机！”。在此之前，不妨回过头去读读本书“C资本主义”和“H幸福”那两章。物质能带给你的快乐有限。（说句题外话，我不太理解有部手机怎么就成了有钱的象征了。有次，我正要和朋友走进一家咖啡店，一个口渴的流浪汉问我能否给他买瓶水。我朋友小声提醒我别给他买，“因为他有手机。”我答说：“手机能喝吗？”）

此外，年轻人还面临着大量财务压力（多是无形的）。截至我写这章时，每个大学生毕业时平均负债 57000 英镑。房价和交通费高得令人望而却步，特别是像伦敦这种有工作机会的地方。据报道，国内失业率有所下降，但这没有考虑到其中有些人签的是零工时合同，还有些人的工资不足以维持基本生活水平。

住房开销不应超过总收入的 30%，是我们公认的生活原则。处于职业阶梯最底层的年轻人，要是走运，每小时能拿到 8.75 英镑，也就是所谓的“最低生活工资”。每周工作 35 个小时的话，月收入就是 1225 英镑。扣除税收和国民保险，实际到手大约 1100 英镑。伦敦以外的地区月平均租金 800 ~ 900 英镑（伦敦一地则高达 1560 英镑）。于是，每周基本仅剩 50 英镑用于支付餐饮费、交通费、手机费（任何职业都免不了这项开销）和其他账单。

经济状况对心理健康影响重大。虽然腰缠万贯并不会让你更加快乐，但能够轻松满足基本需求，可以提升幸福感。譬如经济独立能让你离开父母，形成强烈的身份意识。大脑化学水平的自然变化，决定了我们应该在青春期和二十出头的年纪独立出去（详见下文）。

我非常幸运，我父母出生于婴儿潮时期，也是完全白手起家，但却没有那种恼人的态度：“我们成功了，我们做出了你们做不到的牺牲。我们所拥有的一切都是自己挣来的。”他们明白虽然他们的人生绝非一帆风顺，但他们遇到了我和我的兄弟姊妹所没有的机遇。事实上，他们对那段经济史了如指掌，深知他们那代人的狂欢需要由之后的几代人买单。（我也很同情他们的处境，科学的进步造成政府对退休金领取人数预估不足，我父母不得不继续在经济上支持家中的老老小小。）

然而，不是所有年轻人都有这样思想开明、通情达理的长辈。对许多人来说，似乎不只是稳定的工作、体面的薪水、平价的教育、容身的居所全都遥不可及，他们还得承受连珠炮似的指责，说他们懒惰、不想上班、自私自利。

在此我想稍微喘口气，声明一下，我并非对老一代人有什么意见。我始终相信，不论哪个年龄段，其中绝大多数人都心存善念、尽力而为。我只是觉得我们对现在的年轻人“是个什么样子”，抱有无意识的偏见。这种偏见就像我们对某些性别、性取向和种族的刻板印象一样为害不浅。我恳请各位打破对年轻人的这种刻画，让他们的生存环境变得更友好、更公平、更有利于他们的成长。

我最想不通的是觉得青少年“自私自利”的观点究竟从何而来。不错，从科学的角度来说，我们要到 22 岁左右才会建立起真正的同理心，但这并不意味着年轻人就一定自私。事实上，情况正好相反。2016 年，我有幸成为我母校阿伯里斯特威斯大学[1]的会士，受邀为心理系和政治系的学生做一个简短的演讲。我说：

> 今后将会有很多人对你们说，你缺乏“真正”的生活经验，所以你很自私。对此，我不敢苟同。随着年龄的增长，人的世界观会趋于狭隘。你可能会受困于家庭、房贷、缴税这些具体而微的事，即便不然也要考虑无可避免的死亡……但根据我的经验，你们这个年纪的人，无论政治信仰如何，

[1] 自 2007 年起威尔士大学进行了重组，由以前的联合大学，变成了高校联盟。阿伯里斯特威斯大学就是威尔士大学以前的创始学校之一，旧称威尔士大学学院。故而前文作者曾提到她的毕业信上盖有“威尔士大学”的官方印戳，而这里说她的母校是阿伯里斯特威斯大学。——译注

都对自己的选择深信不疑，因为你们渴望公平。公平、正义、平等，正是一个人所能拥有的最崇高、最无私的动机。所以我希望你们能记住今日之感受与信念，在往后的人生中，时时回顾从前的自己。

围产期心理健康

对心理健康的重视总是越早越好，甚而早在孩子尚未出世时我们就该关注父母的心理健康。围产期的“围”就是“周围、靠近”之意，囊括了孕期和产后不久发生的所有心理健康状况。

伯恩茅斯大学的安德鲁·迈尔斯博士是这方面的专家，近几年，这一领域吸引了很多关注。他告诉我，新手妈妈最常见的心理健康问题是产后抑郁症，其次是相对少见一点的产后精神病。与普遍的观念相反，这些疾病并非仅因荷尔蒙变化而起，而通常是由多种因素共同造成的，比如心理疾病的家族史。再者，一个新生命的降生对为人父母者而言事关重大，往往会勾起他们过去埋藏已久的创伤性回忆。

如果母亲产后患上心理疾病，难以与孩子建立起依恋关系，会严重影响孩子的成长。迈尔斯博士解释说：“婴儿时期缺乏依恋关系会导致孩子在成长过程中出现各种问题，有时甚至还会延续到成年以后。如果母亲病情严重，可能很难好好照料婴儿……在最极端的情况下（极其罕见），母亲可能会伤害乃至杀害婴儿。”

虽然产后抑郁是种众所周知的疾病，但父亲的心理健康问题时至今日仍经常为人忽略。有证据表明，父亲也会在婴儿出生前后出现焦虑和抑郁的症状。迈尔斯博士说：“这段时期父亲的心理压力以及他们对婴儿发育造成的影响，一点不比母亲少。一些证据显示父亲在这个时期自杀的可能性是平时的 47 倍……父亲的抑郁症同样会影响依恋关系的建立，一如母亲。”

除了近年来慈善机构和线上论坛开始注重对新手父母的心理支持外，我们还有必要探索一些结构性的、政策性的变革，降低围产期罹患心理疾病的风险。我认为减轻新手父母的社会和经济压力，让他们不必急于在孩子出生后尽快回到工作岗位，或许是个不错的切入点。

陪产假就是其中一大关键因素。陪产假本质上是个女权问题，因为虽然女性成功地在事业和商业上占据了一席之地，但人们仍将女性视作孩子的主要看护人。不仅对雇佣育龄妇女抱有无意识的偏见（因为她们会为了照顾小孩或备孕而“请假”），同时也剥夺了不能亲自生育小孩的父亲或同性伴侣与孩子相处的机会。

瑞典出台过一项法律（当时曾引发强烈不满），强制规定新手爸爸必须休陪产假。十年后，瑞典男性已普遍接受在家带孩子的观念。以我的立场（英国左翼）看来，这项成果似乎相当了不起。

青春期是心理问题的高发期

人们常挂在嘴边的许多话都让我气得牙痒痒。譬如“生活本就不公平，接受现实吧”“真实的女人”（通常用于形容体重偏重的女性，他们大概以为苗条的女性都是全息投影吧），还有与本节内容最息息相关的一句话“学校应该让孩子为现实生活做好准备”。

如今，我们对儿童和青少年的心理已有不少了解，足以肯定发育中的大脑与发育成熟的大脑有着本质的不同。因此，年轻人的心理需求势必有别于成年人，而他们所处的环境理当顺应这一点。儿童还没有准备好迎接“现实生活”。这就是为什么法律规定他们不能打工、签约、抽烟、喝酒、开车或参军。毋庸置疑，激发他们的智力和创造力，鼓励他们力争上游取得好成绩这才是最重要的。不过我并不认同 2016 年推出的新教育政策，他们的做法备受诟病，想凭借更严苛的考试制度激励孩子学习。

大约七岁之前，我们都只是像海绵一样，不加区别地吸收环境中的一切而已。我们还没有判断力，无法分辨我们所见所闻的细微差别和具体情况。这就是为何孩子的思维方式总是非黑即白。虽然他们会不停地缠着你问“为什么”，但他们通常分辨不出你是否在撒谎。他们没有动机的概念。不明白爸爸脾气暴躁，是因为他今天过得不顺。他们只能从表面上理解事情的因果，觉得每件事都直接由他们的行为所致。

此外，幼儿的世界观仅局限于眼前的事物。七岁以下的儿童都是小小的正念大师，无论做什么都全然沉浸其中（虽然大约只能维持三秒）。他们无法三心二意。不高兴就哭，高兴就笑，不懂就问。他们的应对策略就是坚定而自信地展现出自己的情绪，发泄一通，继而抛诸脑后。我们都该向六岁的小孩学学。

约莫七八岁，发育正常的小孩的世界观会逐渐“拓宽”。他们会意识到自己从属于一个社会，占据一定的社会层级，并试图在其中开辟出自己的一席之地。你会发现他们的朋友圈在急剧变化，因为他们已开始选出谁是他们的“头儿”。

此后不久，混乱不堪的青春期便开始抬头（神经生物学家认为可怕的青春期从九岁就开始了）。从大约九岁开始到大脑发育成熟的二十二岁，多数人都经历了一个多巴胺激增的阶段。我们已经论述过多巴胺与压力和成瘾问题息息相关，会对心理健康造成影响。然而，大自然却赐予年轻人更多多巴胺，令他们勇于冒险，挑战各种条条框框。唯有突破我们原有的生活结构和信念体系，我们才能自立，融入我们这个年龄段的社会网络，不再靠父母或看护人来满足我们所有的情感需求。但众所周知，多巴胺失衡也会影响心理健康。这就是为什么专家认为抑郁症、焦虑症、自闭症、成瘾问题和精神病的高发期都在青春期。

特殊教育需求

阅读障碍等学习困难和自闭症等疾病都与心理健康问题休戚相关。究其原因有各种各样的猜测，虽然很多因素都会导致心理疾病易感性增强，但其中依然有归属需求没有得到满足的缘故。

有特殊教育需求（SEN）的孩子往往很小就被贴上标签，送入不同的学校。他们偏离了所谓的“常态”，只此一点就决定了他们的人生。当然，有一小部分孩子的需求确实唯有专门为他们设计的教育环境才能满足，他们需要专业人士照料。然而，对于那些轻度障碍的孩子，我就觉得我们纯粹只是在惩罚那些思维方式不见容于社会的人群。

我每次与有特殊教育需求的孩子打交道，都会折服于他们的才华。不是因为我对他们期望很低，而是他们往往确实具有某种超群的天赋。

在此，我想到了几个例子。我曾在一所规模很小的学校里，碰到过一个十几岁的自闭症男孩。那个学校专门收纳受过欺凌、创伤和排挤的孩子。这个男孩觉得自己社交能力不足，十分渴望弥补，于是他表现出一种既迫切又古怪的友好，结果弄巧成拙，害得他在以前的普通学校里备受欺凌。他向我展示了他正在做的一项科学实验，非常复杂而精巧，我甚至无法理解透彻，也无法想象他为此付出了多少心血。

还有一次，在一场活动上一位母亲找到了我，她的孩子念六年级，是我的“小粉丝”。她说他们想和我聊聊，但又担心他们有学习困难（详情不明），不爱与人对视，有时也不懂幽默，害怕我会觉得他们很无礼。我说我很高兴见见他们，请带过来。为缓解尴尬我们并肩而立，他们开始向我介绍自己的艺术作品。学校也在展览他们的部分作品，他们邀请我去看。真是叹为观止。比我在美术馆里看到的标价几千英镑的作品有过之而无不及。我买了几幅，挂在家里。

来客无不交口称赞。

我知道我可能戴着玫瑰色的眼镜在看待有特殊教育需求的孩子，但我认为正可以借此质疑整个教育系统的阴谋。阿尔伯特·爱因斯坦有句名言："如果你以爬树的本领评判一条鱼，它终身都会认为自己是个蠢材。"虽然有特殊教育需求的儿童在教育结构中最受排挤，但我认为在某种程度上，我们可能都受到了排挤。

最核心的问题是，我们的课程安排和教学方式已百年未见真正之变革。我们有的只是数不清的官方指示和流水般的内阁大臣，他们人人都想在这个位置上留下一笔功绩，出台了一连串考虑不周的一刀切政策（我可盯着你呢，迈克尔·戈夫）。然而学生仍旧坐在一排排课桌后面学习零散的知识碎片，为应付考试死记硬背。像这样考出的好成绩并不等于智慧，充其量只是记性好，而记忆力似乎是少数几个能获得教育系统奖励的技能之一。

我坚决认为，为了孩子的未来和健康（更别说老师了），教育系统需要反思。

荷尔蒙

说起荷尔蒙，往往总伴有轻蔑的手势和嘲笑的语气。"哈！看那个孕妇，在地毯上号啕大哭！荷尔蒙作祟！是不是很搞笑？"荷尔蒙的影响力强大得不可思议，凡是经历过更年期的人都能为此做证。荷尔蒙在很大程度上支配着我们的动力、情绪和行为。

根据我的经验，医生并不愿意承认荷尔蒙关系着心理健康，主要是因为他们倾向于将所有症状都严丝合缝地套入诊断标准之中，而不是承认坐在诊断室里的这个人无比复杂。

我们都知道谷歌医生并不怎么靠谱，但搜索“荷尔蒙心理健康”仍会发现难以计数的人都注意到了二者存在明显关联。我咨询了托里·艾森洛尔 - 莫尔博士，他是一位临床心理学家，靠研究月经周期引起的荷尔蒙变化与我们情绪和行为反应之间的关系获得了博士学位。除此，我还请教了卡布瑞尔·里克特曼，他是内分泌学网站的创始人，以前做过健康专栏的记者。

他们告诉我，尽管常规的荷尔蒙检测可能查不出异样，但有些人对医学上的正常荷尔蒙变化却很敏感。这种情况被称为“生殖情绪障碍”，最可能出现在青春期、月经期、孕期和绝经期。此外，荷尔蒙失衡虽然比较罕见，但也会造成压力和焦虑，所以荷尔蒙与心理健康之间存在一种共生关系。

但不能因此认为某些心理健康问题的本质是正常的荷尔蒙波动，所以不算“真正的”心理问题。我们应该记住的是，青春期和孕期都是心理健康受荷尔蒙波动影响的高峰期。

大学生并非无忧无虑

大多数人脑海中的大学生形象都是一副无拘无束、无忧无虑的样子，身心都前所未有地自由，纵情爱恋，饮酒作乐，享受一生中最快乐的时光。正是这种刻板印象妨碍了大学生坦诚说出自己的心理健康问题，并为此寻求帮助。

学生心理[1]慈善机构的首席执行官罗西·特瑞斯勒表示，相比其他群体，本科生（几近50%的年轻人）的幸福水平普遍较低。她说：

> 上大学本身就会降低幸福感……对许多年轻人来说，这是他们第一次远离过去的生活圈子和家庭支持，独立生活。在适应大学生活的过程中，很多学生都难以维持健康的生活习惯。他们面临的一些主要挑战包括：住房和人际关系，下厨和预算，想家，文化冲击，同辈压力，平衡学业、打工和社交的忙碌生活以及担忧就业前景。无怪乎有三分之一的学生都反映说存在心理困扰。

睡眠不规律、饮食不营养，还有第一次背井离乡造成的整个生活板块的迁移，都可能诱发心理疾病。问题是，虽然儿童和青少年心理健康

[1] Student Minds，一个在英国大学内运作的心理健康慈善机构，主要帮助有心理问题的学生成立互助小组，相互扶持走出阴霾。——译注

服务机构经费严重短缺（我们拨给成人服务机构的经费是儿童和青少年心理健康服务机构的14倍，尽管如上文所述，青春期是发病的高峰期），但至少还有条求医问药的明路。而每当提到为“年轻人”调拨资金或制定政策，一般针对的都是18岁以下的未成年人。成人服务机构对大学生而言未免会令他们望而生畏，他们虽然严格说来已经成年，但实际上仍很脆弱。一些以前在儿童和青少年心理健康服务机构接受诊疗的年轻人往往会在这个时期半途而废，就是这个原因。

另一个支持障碍是大学生每学年大约仅有25周在校，其余时间都在家里。这可能导致支持团队之间存在误解和沟通不畅，如果出现需要心理支持的情况，难以分清该由谁负责提供长期的心理健康护理。

令人欣慰的是，近年来，人们对大学生的心理需求似乎有了进一步的认识。许多学生会都配有一名“健康官”。我也曾受邀为校园健康计划建言献策，不仅去了我的母校阿伯里斯特威斯大学，还有考文垂大学伦敦校区和东英吉利大学。

时代在变（竭尽所能地祈祷吧）。

改善年轻人心理健康的新手指南

不论如何也别对年轻人说“有朝一日，你回过头来看时，会发现一切都无关紧要”，这虽是句善言，但说这话的人通常已过了21岁，此前的种种感受一出校门就忘了个一干二净。当你还在念书时，校园生活几乎就是你的全世界。你在机缘巧合之下结识的这批同窗，就是你的部落。除此之外，几乎再无他者，也没有其他标准能够衡量你的经历。

年轻人耿耿于怀的东西，在成年人看来有时并不重要。但正如我们在“非评判性倾听”一章中探讨过的那样，痛苦就是痛苦，伤感就是伤感，所有感受都是合理的。

同时也要记住，对患有心理疾病的青少年来说，他们并不知道不受疾病困扰的成人生活是怎样的，无法以此来衡量自己的现状。设身处地地想象一下，你得了抑郁症或焦虑症，你以为这就是“长大成人”的感觉，所以你注定要永远这样了。这不是很残酷吗?

下面是些可能对你有所帮助的智慧结晶，顺序不分先后：

- 请记住，没人知道自己在做什么。每个人都在想:“唉！我一点头绪都没有！为什么我要做这个事呢？我哪里负得起责任？”所谓长大成人，只不过是变得善于隐藏这一点罢了。不要一厢情愿地以为只有你一个人什么都没想明白。没人明白。
- 有时，你比父母懂得多（虽然这要看怎么说）。
- 大多数父母都已倾尽全力（他们在有的事情上也非常正确）。
- 身为社交媒体用户，要善于利用社交媒体的力量。结识那些能折射出你理想的价值观的人，营造一个积极进取的网络氛围。
- 离开那些让你看低自己的人。等待一段友谊或者恋情变得“值得”或是自行瓦解，就像站在一台永远望不到头的自动扶梯上，哪儿也去不了。有些人花了一辈子才明白这个道理。别步他们的后尘。

- 尽量别给自己贴标签。你不是“厌食症患者”“焦虑症患者”“抑郁症患者”，你是个很多面的人，只是一时生病而已。
- 千万别发誓为朋友的心理疾病保密。这不是你的负担，也不该由你去解决，如果他们有危险（比如自杀倾向），说出去也不是背叛。
- 如果你承受着超乎寻常的学业压力，学校里至少会有一名教职工愿意为你据理力争。千真万确，我见过这些人，也和他们交流过。把存在这类问题的学生召集起来，写下你们的困扰，然后找到那个人。
- “爱自己本来的样子”，这话听起来非一般的烦人，因为只有在你已经做到了的情况下才会对此产生共鸣。但我仍想告诉你这句话——我不是你妈，不是你老师，不是那些碍于身份偏心于你，在你看来“有义务”赞赏你的人。只是你确乎值得被爱、被欣赏、被接纳。与你们这个年龄段的人打交道，给我带来了不可胜数的知识、成就和乐趣。在我看来（客观地），一些人看不见你们的风采，那是他们的损失。

满不在乎

Zero Fucks

“自尊”到底是什么？

我在媒体上露面时，他们经常称我为“自尊专家”，这个词非常模棱两可，见仁见智，就连我也无法肯定地告诉你究竟是什么意思。

“自尊”是最为人津津乐道的一个词，但其含义在说者和听者那儿可能截然不同。我听过很多不同的描述，一说自尊是“最容易培养的东西”，一说它是“最牢不可破的心理因素”。我曾采访过一些教育家，他们认为从任何年龄段开始培养自尊都不算迟。我也采访过一些心理学家，他们认为如果到了七岁还没有建立起足够的自尊，不如放弃为好。

我遇到过一些人，他们认为敢于为自己发声能够增强自尊，还有一些人则表示他们最近发现闭上嘴学会倾听才是他们的自尊之源。我曾和一些专家争辩过，他们认为这个词不过是个站不住脚的借口罢了，专为那些反社会行为开脱。我觉得他们没有丝毫同情心，讽刺的是，这可能正是一种低自尊的表现。

我还与别的专家交流过，他们认为自尊是所有问题的核心，包括但不限于男女收入差距、家暴、不同社会族裔间的学习成绩差异，以及有些电视真人秀明星有种难以遏制的需求，必须不断自拍把自己几经精修的暴露照片传遍全球。我曾采访过的另一些人却认为，自尊也是个虚假概念，只为让人白费力气地花钱去追求，从而忽略那些真正造成不公的经济和文化因素——消费机器的另一齿轮。

好盒子心理

哈利街[1]首屈一指的心理学家安德烈·西默向我介绍了他的“好盒子心理”——一个巧妙地将自尊凝练为一种理念的比喻，我至今受用无穷。

安德烈讲述了以前的一位病人，他是个油漆工和装修工。在一次咨询中，他带来了一个非常漂亮的雕花饰品盒，并随手扔在面前的茶几上。安德烈夸赞了油漆工带来的盒子，他颇为自豪地透露，是他自己做的。

咨询结束后，油漆工要去客户那儿收款。他有个惯例，装修竣工后会送每家客户一个自制的饰品盒，既对雇主表示感谢，也希望他们能将盒子摆在家里。来客也许会注意到这个盒子，品评一二，最终形成口碑效应。就这样，他将自己制作饰品盒的爱好变成了一门有发展前景的生意，十分聪明。

[1] 毗邻牛津街，是英国最著名的名医街，已有百年历史。哈利街一直是名流显贵就医的首选，能在这里开诊所的医生都是业内的佼佼者，据记载南丁格尔也曾在这里工作过。——译注

“这一个是我的得意之作。”油漆工指着两人之间的盒子说道。

下次咨询时，安德烈问他客户是否喜欢他送的盒子。

“不，”他说着轻蔑地拂了拂手，“她不喜欢，还把盒子还给我了。反正，那个盒子做得也不怎么样。”

此后，安德烈便常用“好盒子心理”来解释自尊。油漆工当初做好这个盒子时，觉得是自己的“得意之作”。换言之，在他看来，这是个“好盒子”，与客户之后的评价并无关系。

同理，自尊也绝对不能外包出去。如果我们的信心来源于别人的认可，那它也很容易被夺走。这种处境非常不稳定。

譬如，我心里始终留有一个痛处，一旦我觉得有人恶意曲解我，就会触动我的痛处。我可以接受批评，只要我确实做过那些事、说过那些话。但要是欲加之罪或是别人把他的观点强行投射到我身上，奈杰尔就会倏然现身，咯咯发笑。

自从听了安德烈讲的故事后，每当我感到别人的恶意曲解伤害了我的自尊心时，我就会提醒自己，我终究认为自己是个好盒子。

“好盒子心理”的魅力在于，它将自尊放在了我们可以控制的范围之内。

在钻研这一章的过程中，我找到了一些人，他们都以不同的方式践行着自己的自尊理念。我请他们谈谈在他们看来什么是自尊，以及他们是否觉得自己如今的高自尊是经过一段“心路历程”培养起来的。他们的回答都有一个共通点，即有意识地决定不去在意他人的看法、专断的社会要求以及自己无法控制的环境。

具体事例见下。

奇德哈·埃杰露

众所周知的“贫民窟之花”[1]奇德哈是名励志演说家、社交媒体大V，致力于传播身体接纳、性别平等和种族平等的内容，粉丝众多。我和她相识于《深夜女性时间》，我俩都是节目组邀请的嘉宾，共同探讨自尊及其与现代生活的关系。奇德哈一下子就吸引住了我，她是那种既关注他人又很引人关注的人。她显然从未在私人生活或工作中受到过胁迫，但毋庸置疑，如果你挑衅她的原则，她会将你的胡说八道原封不动地奉还。她的自信很有感染力。

她告诉我她最新发起的一项在线运动“胸部下垂也很美”，起源于一连串不请自来的男性社交媒体用户给她留言，妄图说服她不应该“不穿胸罩”，就她的年龄而言，她的乳房下垂得太厉害了。

不论年龄大小，很少有人有足够的自信，敢于鼓励人们关注和审视自己身上不见容于社会的生理缺陷。我问她为何能做到如此自信，她说她是在英国长大的尼日利亚人，在面对种族歧视的过程中，不知不觉催生了这种信念，这其实是她不受欢迎的副产品：

“我以前觉得自己鼻子太大，膝盖和手肘都黑黢黢的，看起来‘很脏’，”她告诉我，“我觉得我必须把头发弄直，别人才会正眼瞧我。试想一下，你天生就有错。这就是在一个歧视黑人的社会中长大的感觉。”

我们的文化一向靠宣扬所谓的“缺陷”和推销“解决方案”获利，置身这样的文化中，我想我们大多数人都能隐约体会到一种“天生有错”的感觉。奇德哈的经历与英国白人的不同之处在于，在社会看来她

[1] 奇德哈在推特等社交媒体上的网名。——译注

最突出的“缺陷”是她的肤色，而这是不能“矫正”的。虽然这无疑是最为可鄙的种族歧视，但或许正因如此，奇德哈才迅速发现有问题的是社会，不是自己，不必再浪费时间去追求白人的审美标准。

她解释说：“对我来说，自尊就是（尽管）我可能在任何人眼中都不完美，但在我自己眼中是完美的，这就够了。”这俨然就是具有典型的“好盒子心理”的人会说的话。

奇德哈不过才二十出头，她比大多数人都更早发现（至少肯定比我早），自尊不是什么扑朔迷离的神秘力量，有些人具备，有些人不具备。相反自尊是种心路历程，好似健身一样，需要持之以恒地不懈追求。她说自尊就是“摆脱‘必须受人喜欢才活得有价值’的想法”。

克里斯·拉塞尔

克里斯是名音乐家，也是广受欢迎的青春系列小说《女孩之歌》的作者。能和克里斯做朋友我三生有幸，他能绘声绘色地讲述一件趣事，一走进人挤人的酒吧就引来全场艳羡的眼光，或是在我们想要即兴高歌时，只说了句“等下……我也许能配几个和弦”，随即便用吉他或钢琴无懈可击地伴起奏来。我经常在想，如果我是他，一定傲慢得尾巴都翘上了天。

我这么想其实犯了一个基本且常见的错误，误解了傲慢的本质。傲慢与大多数人以为的不同，并非自尊心过剩，而是恰恰相反。傲慢是种必须不断证明自己的需要，仅仅作用于最肤浅的表层自我。

我现在明白了，我过去就很傲慢。以前我符合我们文化所标榜的外在美，又年轻又苗条，生活上拥有最大限度的自由和最小限度的责任，那时我所展现出的最典型的特征就是傲慢。

我之所以意识到这一点，是因为如今别人会对我说："你以前真的让人很不爽。"他们描述的那些行为，现在回想起来，连我自己都不敢认。比如坐在夜店的角落里，鼻孔朝天，趾高气扬，手握一支香槟，对每一个过路人进行一番"埃塞克斯式的打量"。然而最滑稽的是，在我的记忆里我当时满脑子想的都是为什么没人愿意和我说话。我感觉我活像个"异类"，被剥夺了基本的权利，没有归属感。我那时常盯着舞池里的各色女性，她们秀发凌乱，睫毛膏浸着汗水顺着脸颊往下淌，一个个笑得前仰后合，兴高采烈地相互搂搂抱抱，我多么希望成为其中一员。

傲慢的人没有克里斯身上那种由内而外的真正的自信。我发现，他也有不安的时候。他跟我说："很不幸，我们生活在一个充满妒忌的社会，每天包围着我们的信息都经过残酷的设计，意在让我们自惭形秽。"

我不由反思了一下。虽然克里斯的乐队"光年"就算进行全球巡演也绰绰有余，但他们不是莱昂国王[1]。虽然他的书在所属类别中都算畅销书，但他不是J.K. 罗琳。如果他是另外一种人，很可能会哀叹怀才不遇，没能将世上的财富和荣耀一网打尽。我问他究竟有何秘诀不致掉入妒忌的旋涡。他回答说：

[1] Kings of Leon，一支摇滚乐队，成立于 1999 年，虽是美国本土乐队，但最开始走红却始于英国市场。——译注

> 小时候，爷爷对我说，如果我有办法靠自己喜欢的事谋生，就会过得很快乐。他说得没错。这并非易事，“追随你的心”这句老话并不适合所有人。我认识很多人，他们在周末继续自己的爱好，平时另有一份工作养家糊口，他们也都过得像蹦床上的小狗一样快乐——但对我来说，早年无意中发现了自己的爱好后，一直坚持下去、永不放弃，正是我自尊的来源。

克里斯在此也展现出了“好盒子心理”。只要他能为自己的作品感到自豪，能经常发挥他视若生命的创造力，那么他在商业上的成就便不值一提。这样的想法很是难得，许多人正是因为畏惧公众反应而放弃追求自己一直以来的抱负。由此产生的怨恨会逐渐发酵，慢慢腐蚀自尊。

克里斯还明确了自己的动机，这点至关重要。对另一些人来说，他们内心的满足感来源于建立并维持一定的生活质量，譬如有屋瓦遮头、买得起 Xbox、每周五晚上有啤酒喝。只要能过上这种生活，他们做什么工作都行。这样生活也无可非议。事实上，倘若他们辛勤工作一周，能换来一份合理的工资，开创一种体面的生活，那么他们可能就是世界上最幸福的人。

乔安娜·罗塞尔·桑德

乔是一位多次打破世界纪录的自行车运动员，曾两次参与团体追逐赛，在奥运会上为英国夺得金牌。乔患有全秃症（一种免疫系统疾病，导致她一根头发也没有），2012 年伦敦奥运会期间，她在颁奖仪式上没有戴假发，引发媒体疯狂报道。大家的切入点都非常正面，乔被誉为脱发症患者的勇敢先驱，她的身体自信广受好评。

2017 年初，我有幸与乔安娜合著她本人的自传《循环赛》。

职业运动员的傲慢和一意孤行都是出了名的，我一开始对接下乔的这本书很谨慎。俗话说好姑娘难出头，而这个女人却为自己的国家赢得了大量荣誉。我在乔的公司里花了大约五分钟，就发现她与典型的奥运会金牌得主相去甚远。她亲和得不可思议，以至我都想等着看她的伪装在所难免地穿帮的那一刻。

毋庸置疑，她并没有什么伪装。相反，我们谈到了正是她“老好人”的名声害得她无法成功——这个问题困扰着她的整个职业生涯：

“我知道你不必非得去迎合那种成见，做个‘厚脸皮’才能成功。我已经比较能接受生活中很多小小的不公了，但我仍比较敏感，仍担心别人会怎么想……（但）我喜欢现在的自己，我的职业生涯告诉我，傲慢和坚韧是有区别的——后者不可或缺，前者则不然。”

深入了解乔后，我发现她没有为追求事业上的成功，牺牲掉她的“友善”，牺牲掉她天生内敛的性格，对她来说就是一种荣耀。她身上有种沉静的坚定。

乔还详细讲述了她在电视上接受奖牌时没有戴假发，而后被标榜“勇敢”一事。她告诉我：

“一场比赛结束后，你在自行车馆下面一阵忙乱，还有几分钟时间就得上台领奖了。当时，我根本没想到要戴假发。我也并不觉得自己‘勇敢’，我很惊讶媒体会争相报道此事。后来，我意识到这件事对其他脱发症患者来说意义非凡，也就是从那时起我开始参与相关的慈善活动。”

我发现乔还有一个特点——她是块做事的料。她的职业生涯始于英国自行车协会到她们学校去选拔人才，当时她念九年级，觉得自己可以一试。她并非自认为比别人强，她只是本能地想抓住机会，看看自己能走到哪一步。

乔尼·本杰明

乔尼因第四频道的纪录片《桥上的陌生人》和与之相呼应的“寻找迈克”社交媒体活动而为人熟知。他的故事姑且可以粗略地概述为：2008 年，有人发现了正准备跳桥的乔尼，成功说服他放弃轻生。之后，乔尼在网上发起活动，寻找当初救他的陌生人。这项活动星火燎原，没几周就找到了“迈克”（真名叫尼尔·雷伯恩）。

乔尼患有分裂情感障碍，一种精神分裂症与双相情感障碍相结合的疾病。如今他已经发布了 100 多条讲述自身经历的视频日记，同时还来往世界各地发表预防自杀的演讲。2016 年，他发起了一项名为“慎思”的倡议活动，旨在在校园内开办研讨会，消除心理疾病的污名。同年，他因在增强公众心理健康意识方面做出突出贡献，被授予大英帝国员佐勋章。

简而言之，乔尼真是励志极了。

我和他谈起他关于自尊的心路历程时，乔尼提到他是犹太人，他认为自己是个同性恋还患有分裂情感障碍，必然会被犹太群体排斥。

他跟我说：“曾经有段时间，我甚至无法动手按下过马路的按钮。我担心我阻断通行，司机会生我的气。我觉得自己活着就是个窝囊废。

我患上了社交焦虑症，跟谁说话都脸红。”

对乔尼来说，是油管拯救了他。他有话要说，但又“觉得还没准备好”与人对视，于是便对着镜头讲话，卸下心理负担，开始拍摄他的视频日记。久而久之，乔尼逐渐产生了出柜的信心，不仅公开了自己的性取向，还公开了他的心理健康问题。他说他从亲友那里得到了“超乎想象的支持”，他觉得如释重负。

乔尼很聪明，他有办法把一件错综复杂的事讲得人人都听得懂。我记得看过他的一次演讲，探讨的是如何简单易行地将心理健康纳入国民教育课程。他说：“老师告诉我们《罗密欧与朱丽叶》是个爱情故事，但它实际上讲的是两个年轻人自杀身亡的事。”我相信在座的300余位听众，无不有种醍醐灌顶的感觉。

去年，乔尼一直在接受慈悲聚焦疗法（CFT）。这种疗法结合了冥想与持续不断的积极自我肯定，能帮助他接纳自己。“过去几年，我的内心仍会不时挣扎，也有过旧病复发住院的情况。但学着在这种时候接纳自己、原谅自己，对我帮助很大。”

“最近，我已经能够冲着镜子里的自己微笑了，非常自尊自信。”

我

2000年，我家发生了一件事，但详情我无可奉告，因为我对肇事者的骚扰禁制令现在还在生效。然而，我可以告诉你，这件事对我家所有人都产生了不可磨灭的影响。很长一段时间里，我都觉得是拜我所赐。

我与心理咨询师进行了多次咨询，才算解开了这件事让我产生的一些复杂而伤自尊的想法，以及导致这件事的客观原因和它带来的挥之不去的后果。我逐渐意识到，我的意识思维与我的无意识思维产生了冲突，前者理性地知道这不是我的错，而后者却不受理性的控制。

我内心深处始终有一个信念，认为自己不该和别人走得太近，因为我有些“危险”，跟我在一起准没好事。我故意破坏友谊和恋情，推开他人，搞得自己又孤独又伤心，继而又为此自责。觉得自己不值得被爱，注定孤独终老，受尽折磨。

你或许认为背负着如此沉重、无所不包的基本人生观，把自己弄得犹如绿巨人似的，势必会有所自觉。然而，我却真的无知无觉。

在日复一日的寻常生活中，你往往不会注意到自己的行为模式。好比你还小的时候，一个许久未见的阿姨说你长高了不少，而你只会觉得“有吗？”。你活在自己的身体里，每天照镜子，不可能注意到细微的身高变化，唯有外人看得出来。

此外，我想我也担心如果彻底抛却过去的愧疚和悲伤，自己会变成什么样。近 30 年过去了，我的存在价值很大程度上仍在于要对别人“有用”，一如当初给弟弟换尿布，被夸“好女孩”一样。我喜欢被人需要。我很享受自认能做些有益之事。我心中有一个微小却强大的部分坚信，如果我不为过去赎罪，那就是自私。（剧透：结果这想法还是源于我的老问题。）

当我意识到自尊是一个有意识的选择时，才终于“大彻大悟”。人们总是把自尊说得虚无缥缈，仿佛一旦莫名其妙地树立起来，此后便无须格外费心。我相信，没有人是以这种方式赢得自尊的。自尊并无半点“神秘”之处。正因这一关键因素，自尊的概念才可以变得商品化，被包装成一种可以追求、可以购买之物，仿佛它会像件人造毛皮的复古大衣一样突然降临，将我们包裹起来。

根据我的切身体会，真正的自尊远比这更难以捉摸、微妙不定，而且最重要的是自尊本质上是种意识思维。现在我已经认得那个声音了，它再现并扭曲了我以前所有心碎和屈辱的心理阴影。每次它再在我耳畔低语时，我都会叫它闭上那该死的嘴。我提醒自己，过去和未来都并不存在。娜塔莎·德文唯一重要的化身只活在当下，活在这稍纵即逝的每一秒里。我终于开始发自肺腑地相信，当下的娜塔莎·德文是一个非常非常好的盒子。

自尊的新手指南

你可能对自己的某个方面并不满意，但你有能力改变。也许你行事太过武断，易被愤怒冲昏头脑；也许你有成瘾问题；也许为了平衡业力，你有些事需要弥补。虽然所有这些都只能由你自己解决，但请记住，只要你有心改善，你就是个好盒子。

本书一开篇便提到了我们都独自活在自己的头脑里，既自由又可怕。换言之，当你结束一天的生活，静静沉思时，只有一个人会对你指手画脚：你自己。

生活经验告诉我，世上几乎没有客观意义上的坏盒子。有的只是数以百万计的不完美的盒子。有的略有破损；有的有些陈腐，边缘毛糙；有的缺材少料；有的长期自甘埋没于垃圾堆，他和周围人都已然忘却他曾经是个好盒子，今后也还可以再成为好盒子。但归根结底，真正称得上坏盒子的只是极少数。

你多半并非其中之一。

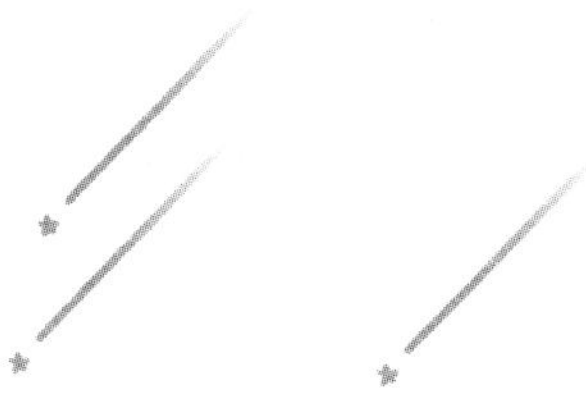

结语

正视心理健康问题

生命的意义在于尽情生活，拼命体验，勇往直前、无所畏惧地去追求更新更丰富的人生经历。

——埃莉诺·罗斯福

英国心理健康基金会表示，黑人、亚裔和少数族裔（BAME）更有可能患上心理疾病，而且治疗效果普遍欠佳。生活在英国的加勒比黑人出现常见心理健康问题的比率较低，但他们更可能患上严重的心理疾病，尤其是精神分裂症。亚裔年轻女性的自杀率很高，印度男性的酒精依赖率很高。

这不仅仅是外貌差异引发的歧视——生活在英国的爱尔兰人也有较高的抑郁率和酒精依赖率，自杀风险也很高。

你也许会辩称，某些族裔的文化不太能接受谈论心理健康问题和为此寻求治疗。故而，本该扼杀在摇篮里的问题，最终却拖成重症，难以治疗。我认为这种观点有一定价值，相比其他族裔，黑人、亚裔和少数族裔宁愿通过警方等其他渠道强制治疗，也不愿自己求医问药，这类情况也支持了这一观点。但我们也有理由认为其中的因果关系或许恰恰相反，是某些地区的执法方式造成了创伤。要说清这个问题，我恐怕得再写一本书。

性少数群体患抑郁症的可能性是顺性别者的四倍。有人认为此类人士出柜本就需要调集大量的勇气和能量，相形之下，公开自己的心理健康问题似乎不过是小菜一碟。这个观点在某些情况下，或许不失为一种解释。

然而，性少数群体自杀未遂和自杀身亡的案例仍然较多。而且性少数群体自杀的年龄与其所在社群对性少数群体的污名化程度呈反比——也就是说，你目睹的歧视越多，就越容易年纪轻轻地走上末路。

无可争辩的是，所有容易产生心理健康问题的群体——黑人、亚裔和少数族裔、爱尔兰人、性少数群体——他们在英国都承受着更多社会不公和偏见。因此，我们不难察觉出社会经济因素与心理健康之间存在着经验性的联系。

借由本书中的研究，我发现真正备受心理健康问题折磨的人，正是那些无法从我们的社会结构中受益的人，我们越来越多的人正在加入这个行列。我指的不仅是经济方面，从思想上看，我们许多人的生活环境都不太安全、不太友善、不太健康、不太能满足我们的需求。

我遇见过的最严重的偏见就是认为不存在所谓的社会不公——生活是公平的，每个人都有平等的发展机会，所有好运都是“努力工作”的结果，因此富人富得“理所应当”，而位于天平另一端的人就该加倍努力才是。在我看来，这才是最危险的神话。

如今的生活在某种程度上比以往任何时候都更难以应付、更残酷，充满了担忧、不切实际的期望和评判，几乎所有人都概莫能外。再加上邻里关系的相对缺失——我们很多人连邻居姓甚名谁都不清楚，更别说觉得自己是其中一员，在这个三维世界中拥有一个活生生的充满支持与爱的人际网络。由此，也就难怪会出现心理健康危机了。

一言以蔽之，如果我们这么多人都有丧失心智之危，那多半是社会的失败。

全球变暖、经济不稳定、贫困、政治引发的担忧；基础设置资金不足、工作时间延长、睡眠不足带来的影响；消费资本主义的消耗效应；季节性情感障碍、咖啡因成瘾、科技成瘾、药物成瘾、压力和焦虑造成的后果——所有这些都以某种形式出现在我和大多数人平凡的晨光中。心理健康及其影响因素无处不在，无人能幸免。

而最艰难的部分在于，一般来说，你的心理压力越大，视角便越窄。在我病得最严重的时候，我不可能有办法得出本书中的任何结论，更不可能得出相同的结论。我当时存有一种矛盾的信念，一面认为所有事都是我的错（包括一些根本不受我掌控的事），一面认为我所有的不幸都是那些比我快乐、比我成功、比我幸运的人造成的。

这就是为何不费吹灰之力就能怂恿内心痛苦的人把精力虚耗在相互指责之上。说服一个愤怒或痛苦的人，让他相信一切都是另一个同样愤怒或痛苦的人造成的，分裂和仇恨就会长期存在。而实际上，他们两人都该抬起头来往上看，看看将他们玩弄于股掌间的傀儡师。

但愿我在本书中探讨过的一些方法，能让我们避开这个相互仇视的过程。归根结底，一切都是一种平衡之道。

我们既要知道营养、锻炼和放松都能在一定程度上调节基本的心理健康，同时也要承认心理疾病不容小视，与生理疾病一样刻不容缓。

我们应该能够靠服药更好地维持日常生活，不必忍受偏见或心存羞耻，同时也要明白心理疾病多半涉及更广泛的社会因素。

我们有权要求医护人员提供富有同情心的及时护理，同时也要理解他们受到医疗系统资金不足、结构欠佳的限制，自身也可能出现心理健康问题。

我们可以重新建构我们对“寻求关注”的理解（需要关注）。

我们要明白虽然饮食失调症是种严重的心理疾病，但也在一定程度上受到了媒体和时尚界看似“肤浅”的报道的影响。

我们要知道作为实体的“媒体”可能有些有害无益的意图，但这个行业内不乏许多良善之士仍在努力做出积极改变（也颇见成效）。

我们要理解在这个人身上属于不良心理症状的东西，在另一个人身上可能只是一种性情而已。理解其中的区别不是为了胡乱进行业余诊断，而是要与他人建立起真正的联系。

我们要清楚我们无法解决朋友的心理健康问题，但我们可以提供宝贵的支持，成为他们接受心理治疗的桥梁。

现实总是千差万别的。心理健康不是孤立的。心理疾病并非由单一因素引发，也没有放诸四海皆准的治疗手段。没有人能成为绝对的权威，但我希望这本书能给你一些有用而实际的建议、一些可供争论的观点素材、一些语义清晰的用语和术语，便于你展开重要的心理对话。

如果你曾扪心自问“是不是只有我在发疯？”，或曾举目四望暗想“一定有更好的解决办法”，那么，本书便是为你而写。

致谢

我写这本书时，许多人给予了我情感和知识上的支持，我的感激之情本无以言表……但在此，我仍要勉力一试。

感谢我的经纪人安娜，感谢你不辞辛苦，坦诚相待，提醒我我不是艾迪·伊扎德[1]，不能用连绵不绝的注脚投机取巧。同时也要感谢蓝鸟公司的团队，特别是卡罗尔，她的平静和积极是送给周围所有人的礼物。

卢比，谢谢你为这本书注入了你的天才创意。感谢每一位不吝赐教的专业人士：包括伯恩茅斯大学的安迪·迈尔斯博士、剑桥大学的大卫·班布里基博士、伦敦中央大学的马丁·西格及其团队、“男性暨男孩联盟”的本·海因博士和马丁·多布尼、卡罗琳·亨塞尔和英国心理健康急救中心的每一个人、“学生心理”的罗西·特瑞斯勒、阿米·斯帕罗和咨询名录

[1] Eddie Izzard，英国演员、作家，著有《相信我：关于爱、死亡和爵士鸡的回忆录》，该书几乎每一页都有注脚，不少读者评价注脚比正文精彩，书名也该改为“爱、死亡、爵士鸡和注脚的回忆录”。——译注

网的全体成员、亚当 · 凯医生、萨特维尔 · 尼贾尔、托里 · 艾森洛尔－莫尔、卡布瑞尔 · 里克特曼、安德烈 · 西默以及“自我护理女王”乔治娅 · 多兹沃思。感谢奇德哈 · 埃杰露、克里斯 · 拉塞尔、乔安娜 · 罗塞尔 · 桑德、乔尼 · 本杰明对我的信任，允许我在“满不在乎”一章中讲述他们珍贵而私人的回忆。

感谢过去十年来与我分享知识和体会的所有人，你们为我的研究提供了支持。尤其要向所有老师高声致意：你们都是英雄。

感谢所有听我在耳边不停唠叨的人，当时我正疯狂摇摆于本书即将出版的欣喜与截稿日期日益逼近的恐慌之间。尤其要感谢同为作家的克莱尔 · 伊斯特汉和凯尔茜 · 奥斯古德，我把写书比作分娩，她们非但没有责备我，还很同情我（而且凯尔茜真在我写书那年生下了孩子）。感谢我的好友凯伦、艾米、艾德里安、西蒙，你们总在身边善意地打趣我，只要有你们在，我便永远不致迷失自我。

最后，感谢我出色的家人。我对你们这群思想新锐、骂骂咧咧、肤色驳杂的怪人，爱得无以复加。

FONGHONG
凤凰联动出品